석학 人文 강좌 15

건축과 도시의 인문학

석학人文강좌 **15**
건축과 도시의 인문학

2011년 10월 31일   초판 1쇄 발행
2021년 6월 7일   초판 4쇄 발행

지은이	김석철
펴낸이	한철희
펴낸곳	돌베개
책임편집	최양순 · 이경아
편집	조성웅 · 최혜리 · 소은주 · 권영민 · 이현화 · 김태권 · 김진구 · 김혜영
디자인	이은정 · 박정영
디자인기획	민진기디자인
등록	1979년 8월 25일 제406-2003-000018호
주소	(10881) 경기도 파주시 회동길 77-20 (문발동)
전화	(031) 955-5020
팩스	(031) 955-5050
홈페이지	www.dolbegae.co.kr
전자우편	book@dolbegae.co.kr

ⓒ 김석철, 2011

ISBN 978-89-7199-448-1 94540
ISBN 978-89-7199-331-6 (세트)

이 책에 실린 글의 무단 전재와 복제를 금합니다.
책값은 뒤표지에 있습니다.

이 저서는 '한국연구재단 석학과 함께하는 인문강좌'의 지원을 받아 출판된 책입니다.

석학 人文 강좌 15

건축과 도시의 인문학

김석철 지음

돌베개

책머리에

　인문학은 도시 문명과 함께 시작되었다. 인문학은 건축과 도시설계의 중심이었다. 『김석철의 세계건축기행』(창비, 1997)을 쓸 때 죽음의 공간, 삶의 공간 그리고 인간의 공간, 신의 공간으로 세계 건축과 도시를 정리한 것도 그런 뜻에서였다.

　고등학교 때 철학과 수학을 전공할 생각으로 '사서삼경'을 읽고, 비트겐슈타인과 하이데거에 몰두하다가 건축의 길에 들어선 지 40년 만에 '석학과 함께하는 인문강좌'에 초대되었다. 인문학을 떠나 건축과 도시의 길에 들어선 사람으로서 욕심이 났으나, 당시의 건강 상태로 다섯 번에 걸친 강연은 무리라며 의사도 말렸다. 그런데도 무리를 한 것은 건축과 도시의 길을 걸어 온 지난 40년 동안 건축과 도시를 통해 인문학의 인프라를 만들려고 한 때문이다.

　2005년 봄 『희망의 한반도 프로젝트』를 펴내고, 그해 가을 위암이 식도암으로 전이되었다는 사실을 알았다. 마침 컬럼비아대학에 있을 때라 뉴욕병원에서 식도암의 세계적 권위자인 알토키 교수에게 수술을 받기로 했다가, 서울대 의대 박찬일 교수와 동생의 권유로 삼성서울병원 암센터 원장인 심영목 교수에게 위와 식도를 제거하는 열 시간이 넘는 대수술을 받았다. 수술 후 한 달 동안 먹지 못했고, 그 후 1년을 집에서 쉬었다. 72킬로그램이던 몸이 52킬로그램이 되었다. 그 사이 작업 중이던 취푸 신도시와 캄보디아 국토계획은 중단되고, 해인사 신불교단지는 가까이 지내던 건축가들이 앗아 갔으며, 예술의전당에도 하이에나들이 나타났다.

그러는 가운데 외환 위기가 찾아왔다. 그 뒤 KBS에서 각계의 인물을 초대해 한국인의 잠재력과 미래 설계의 지혜에 대해 생각해 보는 프로그램 〈대한민국, 길을 묻다〉를 기획했는데, 빠질 수 없어 한 시간 넘게 강연을 하다 무대에서 쓰러질 뻔했고, 바쿠 신도시와 아제르바이잔 신수도 책임 장관에게 신도시 설계를 설명하던 중 몸 상태가 나빠져 병원에 실려 가기도 했다. 그러는 와중에도 지방권 자립과 이북 발전 계획은 쉬지 않아 《창작과비평》,《월간중앙》 등에 글을 실었으며, 언론사와 대담도 하고 총리실에서 강연도 했다. 신행정수도, 4대강, 새만금, 과학벨트, 신항만 등에 대해서는 글도 쓰고 수십 차례 연설도 했으나 정작 이북에 대해서는 칭화대학에서 가르칠 때 중국 학자들과 함께 잠시 계획을 세웠을 뿐이어서, 아직 한반도의 반만 공부한 셈이다.

『희망의 한반도 프로젝트』와 『여의도에서 4대강으로』를 쓴 사람으로

서 해야 하는 일이라 생각해 남북을 어우르는 한반도 공간 기획을 정리해서 『희망의 한반도 프로젝트 2』를 펴내고자 준비하고 있다.

이제서야 짐을 내려놓게 된 듯해 건축설계 일로 돌아와 서울사이버대학과 성신여대 운정캠퍼스, 서귀포 다빈치박물관 등을 완공하고, 지금은 춘천의 만인성채와 버클리 음악대학원을 설계하면서 평양·개성·서울 역사 회랑과 낙동강 하구에 공동 경제자유구역 안을 만들고 있다.

지나고 보니 예술의전당보다 여의도 마스터플랜과 취푸 신도시 설계 일이 더 보람 있는 작업이었다. 건축설계는 좋아서 하는 일이고, 도시설계는 해야 하는 일이다. 수학과 인문학을 떠나 건축의 길로 들어섰다가, 도시의 길로 나아가면서 다시 수학과 인문학의 길로 돌아온 느낌이다. 건축에만 몰두했으면 역사에 남을 건축을 만들 수도 있었겠으나 후회는 없다. 부록으로 지난 6년 동안 병상에서 그린 건축과 도시 작품을 더한 것은 죽음에 대한 강박 관념 가운데 이룬 일이라 욕심을 냈다.

철학가 비트겐슈타인이 말러의 음악에 대해 "이처럼 형편없는 음악을 만들어 내기 위해서는 아주 희한한 재능이 필요하다는 점에는 의심의 여지가 없다"고 말한 것을 보았는데, 나의 건축과 도시설계에 대해서도 다른 사람들의 폄하가 없지는 않을 것이나 40년 동안 쉬지 않고 이루어 온 작품에 대한 평가가 적지는 않을 것이라 자위한다.

다섯 차례에 걸친 인문학 강좌를 끝까지 경청하고 마지막 토론까지 함께한 이용우 박사, 박경립 강원대 교수, 김억중 한남대 교수와 강연 내용을 녹취·정리 한 아키반의 송정아 팀장, 원고를 감수해 준 동아일보의 김순덕 논설위원에게 감사의 말씀을 드린다. 그리고 무엇보다 '석학과 함께하는 인문강좌'에 초대해 준 한국연구재단 여러분과 어렵고 생소할 수도 있을 "인문학과 문화 인프라: 건축·도시·인문"을 경청해 주신 여러분께 감사드린다.

2011년 10월
김석철

차례

책머리에 004

1장 | 고대 문명의 집
  1 공자-취푸-공묘-취푸 신도시 ──── 019
  2 자라투스트라-바쿠-이체리 셰헤르-바쿠 신도시 ──── 029
  3 플라톤-아테네-아크로폴리스-알렉산드리아 도서관 ──── 037
  4 카이사르-로마-포로 로마노-밀라노디자인시티 ──── 043

2장 | 중세 문명의 건축
  1 서양의 중세 도시 ──── 062
  2 이슬람 중세 도시 ──── 077
  3 동양의 중세 도시 ──── 089

3장 | 르네상스·산업혁명의 도시
  1 르네상스의 인문·건축·도시 ──── 108
    크리스토퍼 콜럼버스 | 요하네스 구텐베르크 | 레오나르도 다빈치 | 미켈란젤로 부오나르티 | 피렌체 두오모 | 산타마리아 노벨라 성당 | 피사의 사탑 | 빌라 로툰다 | 로마 성 베드로 광장 | 피렌체 시뇨리아 광장 | 밀라노 두오모 광장 | 시에나 피아차 델 캄포
  2 산업혁명의 인간·건축·도시 ──── 134
    제임스 와트 | 알렉산드로 볼타 | 카를 빌헬름 지멘스 | 헨리 베서머

| 크리스털 팰리스 | 에펠탑, 그랑 팔레 | 오르세 미술관 | 런던의 더 몰, 파리 샹젤리제 | 에센 크루프 공장 도시 | 타워 브리지 | 한샘 시화공장

4장 | 지식산업사회의 인문학

1. 1900년대 새로운 문명의 집 ——— 164
2. 제1차 세계대전과 대공황 ——— 173
3. 제2차 세계대전과 이후 10년의 세계 ——— 180
4. 1960~1970년 우주공학과 유전공학의 시대 ——— 189
5. 1980~1990년 탈냉전 시대의 세계 ——— 197
6. 21세기 전후 10년의 전 지구적 변화 ——— 201

5장 | 한반도 인문학

1. 남북 공동 도시 회랑 ——— 211
2. 4대강, 길이 있다 ——— 221

부록 | 나의 건축·도시·인문학 40년   253
찾아보기   295

1장

—

고대 문명의 집

인문학을 하려다가 건축과 도시의 길로 들어선 지 40년 만에 '석학과 함께하는 인문강좌'에 초대되었습니다. 하고 싶었고 할 수 있는 일이라고 생각했는데, 시작하고 보니 인문학에 대해서는 아는 것보다 모르는 것이 더 많았습니다. 『논어』와 『자라투스트라는 이렇게 말했다』를 머리맡에 두고 자기 전에 한 시간씩 읽었습니다. 『소크라테스의 변명』을 40년 만에 다시 읽고, 카이사르의 『갈리아 전기』도 20년 만에 다시 읽었습니다. 40년 전 인문학에 몰두했으나 40년 동안 해 온 건축과 도시 대신 인문학을 강의한다고 생각하니 부담스러웠습니다.

  인문학에 관한 한 저는 관객이지 무대의 사람은 아니었습니다. 연극과 음악을 좋아한다고 무대에 설 수는 없는 것입니다. 인문강좌를 맡은 후 인문학자의 길이 얼마나 힘든지 새삼 깨달았습니다. 고대 문명에 대해서는 4대 문명의 발상지를 다 돌아보았고, 고대 문명의 고전들을 꽤 많이 읽었다고 자부했습니다. 하지만 정작 고대 문명의 가장 큰 상형문자인 그들의 공간, 즉 건축과 도시를 인문학과 관련시켜 말하기에는 제 공부가 턱도 없다는 느낌이 들었습니다.

  시간은 사람을 현명하게도 하지만 무능하게도 합니다. 강의를 준비하는 석 달 동안 참으로 힘들었습니다. 이런 힘든 시간은 500그램이 아쉬운 저에게서 2킬로그램이나 되는 몸무게를 빼앗아 갔고, 3개월마다 받는 정밀검사 결과를 본 주치의는 이런 상태가 지속되면 심각한 상황이 올 수도 있다는 경고를 했습니다. 맹자가 말한 자포자기의 심정이 되기도 했습니다. 저에게 '그리는 일'은 즐거움이고 말하는 일은 남들만큼 할 수 있으나 '쓰는 일'은 고역이라서, 150매의 원고를 미리 써야 한다는 말을 듣고는 그만둘 생각까지 했습니다. 결국 강의 내용을 미리 쓰기보다 그날 제가 말하고자 하는 바를 더 잘 이해할 수 있는 글들을 모으기로 했습니다.

중국의 취푸 신도시를 설계하면서 『논어』와 『맹자』를 다시 읽고 『주역』을 다시 공부했습니다. 아제르바이잔의 바쿠 신도시를 만들기로 했을 때는 『자라투스트라는 이렇게 말했다』와 함께 조로아스터에 대한 각종 글과 기록들을 공부했습니다. 취푸 신도시를 설계할 때 장쩌민 주석의 지혜 주머니라 불리던 유길 사회과학원장이 "중국의 보석을 발견해 주었다"는 말을 했고, 바쿠 신도시 설계에 대한 저의 설명을 들은 뒤 아제르바이잔의 신도시 건설 장관이 "당신은 도시설계자이기 전에 위대한 인문학자다"라는 말을 했습니다만, 저는 여전히 건축가이고 도시설계자일 뿐입니다.

'석학과 함께하는 인문강좌'로 다시 인문학의 무대로 돌아와 인문학 공부를 하게 된 것이 저에게는 행운이지만, 토요일 오후에 두 시간씩 한 달 동안 저의 강좌를 들었던 여러분에게는 결례가 아니었는지 모르겠습니다. 그러나 인문학에 깊이 빠졌다가 40년 동안 시각 형식인 건축과 도시의 삶을 살아온 사람이 언어 영역인 인문학과 시각 영역인 도시와 건축을 어우르려 한 일은 처음 시도하는 일이라 의미가 있으리라 자위합니다. 공자와 자라투스트라의 도시, 소크라테스와 카이사르의 건축과 도시는 인문학자보다는 건축가이자 도시설계자인 제가 더 잘 알 수 있는 대상이기는 합니다. 중국과 중동, 동남아시아와 한국의 신도시를 설계한 제가 건축과 도시의 인문학을 주제로, 저만이 할 수 있는 고대 문명의 집에 대해 말하고자 합니다.

고대 문명의 집

고려에서 조선조를 거쳐 현대의 대한민국에 이르기까지, 우리나라의 윤곽은 삼국 시대에 형성되었다고 생각합니다. 마찬가지로 21세기 건축과 도시의 틀도 고대 문명에서 시작될 것입니다. 따라서 가장 먼저 고대 도시와 그 건축에 대해 알아보고자 합니다.

고대와 중세의 문명은 우리에게 두 가지 극단적인 모습을 보여줍니다. 고대의 통일신라와 중세의 고려는 하나의 DNA을 기반으로 한 도시지만, 두 도시가 전혀 다른 세계라는 느낌을 줍니다. 서양의 경우도 고대와 중세는 확연히 다릅니다. 고대 도시의 종교는 조로아스터교를 제외하고는 대부분 다신교이거나 신을 거론하지 않습니다. 고대가 중세로 향하면서 유일신의 종교가 지배하는 시대가 된 것입니다.

여기서는 사서삼경의 세계, 고대 중국의 춘추전국 시대 당시 건축과 도시는 어떠했는지, 우리나라와의 연관성은 어땠으며 우리는 앞으로 어떻게 해야 하는지를 알아보고자 합니다.

인문학의 세계에 빠져 있던 차에 우연히 유학의 발원지이자 동양 인문학의 메카인 취푸의 신도시 설계를 하게 되었습니다.

공자의 도시 취푸는 자금성 못지않게 중요합니다. 역사적으로 보존해야 할 도시이기 때문에 취푸 바깥에 취푸 신도시를 만들기로 한 것입니다. 그 신도시 제안을 중국 도시계획학장인 칭화대 우량륭吳良鏞 교수와 박사과정 학생 두 명, 석사과정 학생 열두 명과 함께 계획했습니다. 그 안을 조어대에서 주요 인사들에게 설명했으나 제가 위암이 식도까지 전이되는 바람에 포기했고, 결국 신도시 건설은 진행되지 않았습니다.

그 뒤 2006년, 노무현 전 대통령이 아제르바이잔의 바쿠를 찾아가 행정수도 건설을 제안했습니다. 이후 한국토지공사와 아제르바이잔이 가계약을 하고, 한국토지공사의 부탁으로 제가 바쿠를 방문했습니다. 그런데 바로 그곳이 니체가 쓴 철학서 『자라투스트라는 이렇게 말했다』의 자라투스트라가 창시한 조로아스터교의 발원지였습니다.

우리가 잘 모르고 있으나 실제로 거대한 뿌리를 가지고 광대한 영역을 점하는 곳이 바빌론과 페르시아와 이슬람의 세계입니다. 이러한 세계를 이루게 한 문명적 DNA를 만든 사람이 자라투스트라입니다. 그리스 말로 하면 조로아스터라고 합니다. 『자라투스트라는 이렇게 말했다』에서 조로아스터교를 배화교拜火敎라고 하듯이, 바쿠에 가면 곳곳에 불길이 있습니다. 또한 세계 최초의 유전이 있던 곳인 만큼 페르시아 만에서 새로운 유전이 발견되기 전인 1950년대에는 원유가 제일 많이 나오던 곳이었으며, 미국보다도 앞서 최초로 정유 기술을 만든 곳이기도 합니다.

고대 중국에 이어 자라투스트라의 도시인 바쿠를 설명하고, '이체리 셰헤르'Icheri Sheher라고 하는 참으로 아름답고 신비로운 바쿠 안의 건축군에 대해 설명하겠습니다. 그리고 뒤이어 바쿠 신도시 설계안을 설명하겠습니다.

지중해 문명이라 하면 그리스 문명을 말하는 것입니다. 지중해 문명인 그리스의 도시와 건축에 대한 이야기를 이어 가겠습니다.

그리스 문명이 마지막으로 꽃핀 곳이 알렉산드리아입니다. 알렉산드리아에는 프톨레마이오스 1세에 의해 설립된 세계 최대의 도서관이 있었으나 로마의 침입으로 소실되었습니다. 그것을 복원하기 위해 유네스코에서 국제 현상 공모를 했습니다. 저도 참여를 했고, 당선이 될 줄 알았지만 낙선했습니다. 알렉산드리아 도서관 현상 설계 때 제가 설계했던 안과 현재 지어진 도서관 안을 보여 드리겠습니다. 현상에 참여한 덕분에 알렉산드리아에 대해 더 많이 공부하고 알게 되었습니다.

그리고 지금 유럽 문명을 만든 로마에 대해 말하려고 합니다. 로마 문명은 갈리아와 브리튼을 정복하고 라인 강 너머까지 강한 영향을 미쳤습니다. 유럽의 대부분의 도시는 로마군의 주둔지에 형성된 도시들입니다. 따라서 유럽 문명을 이해하려면 로마를 이해하는 것이 중요합니다.

카이사르의 도시 로마의 중심이었던 포로 로마노를 보여 드리고, 로마의 도시 원리와 르네상스의 도시 원리를 설명하겠습니다. 더불어 제가 인천공항 옆에 세우는 밀라노디자인시티를 보여 드리겠습니다.

1. 공자-취푸-공묘-취푸 신도시

중국 천하가 진나라에 의해 통일되기 전인 춘추전국 시대는 중국 사상이 움튼 여명기입니다. 이때 지금까지 지속된 중국의 모든 사상이 체계화되고 선언되었습니다. 2500년 전에 천재와 대학자와 작가들이 나타나서 자신들의 사상을 이야기한 것입니다. 이후 중국에서는 새로운 사상이 탄생했다고 보기 어렵습니다. 이것이 중국 문화의 특징이기도 합니다. 당시 쌍벽을 이룬 사상이 도가와 유가입니다.

도가와 유가는 중국 인문학의 시작입니다. 도교는 어떤 면에서는 한 개인의 세계와 거대한 우주의 질서에 대한 앎을 다루는 학문이고, 유교는 국가를 중심으로 삼황오제三皇五帝와 그들의 국가 통치 이념, 국가와 인간의 관계를 말하는 학문입니다.

2500년 전 주나라 때 도시의 형상이 생깁니다. 춘추전국 시대 때 주나라에서 처음으로 유교가 널리 퍼졌지만, 그 후 진시황에 의해 철저히 탄압당합니다. 당시 금서 1호는 '사서삼경'이었습니다. 다시 한나라가 통일을 하면서 유교를 국교로 삼습니다. 그때부터 유학의 도시 취푸曲阜가 중국 문명의 상징 도시가 됩니다.

중국의 황제가 제국의 수도에서 산둥 성 취푸까지 이동하는 것은 대단한 국가적 사건입니다. 황제가 베이징北京에서 취푸까지 가려면

  1. 노나라 때의 취푸 지도
2. 취푸의 위성사진
중앙에 공묘(孔廟)가 있고 그 위에 공자의 총애를 받던 제자 안회(안연)의 묘가 있다. 공묘 아래에는 칭화대 우량룡 교수가 설계한 공자연구소가 있다.
3. 중국 산둥 성 지닝 북동부에 있는 취푸

엄청난 인원이 함께 이동해야 했기 때문입니다. 그런데 청나라의 6대 황제였던 건륭제乾隆帝는 취푸를 여덟 번이나 방문했습니다. 많은 사람이 찾아오면서 끊임없이 복원했기 때문에 취푸의 형상은 어느 정도 유지되어 있습니다.

유학을 집대성한 사람은 공자孔子(B.C. 551~B.C. 479)입니다. 공자는 자신이 태어난 곳이며, 중국 역사의 시원인 삼황오제의 무덤이 있던 취푸에서 유학을 일으키고 학파를 만들고 제자들을 키웠습니다. 중국인에게 유학의 본원지인 취푸는 이슬람의 메카와 같은 성지입니다. 동양에서는 취푸를 말하지 않고는 인문학을 할 수가 없습니다.

공자의 도시 취푸의 중심에는 공자를 모시는 사당인 공묘孔廟가 있습니다. 세계에서 가장 큰 무덤입니다. 모스크바의 크렘린 궁전 안에는 지난 8세기 동안 쌓아 온 역사의 흔적들이 겹쳐 있습니다. 가장 최근에 지은 소비에트연방 의회 건물과 이반 대제의 건물이 같은 공간에 있습니다. 반면 우리의 경복궁은 창건 당시의 모습으로 완강히 남아 있습니다. 공자의 묘는 시간에 따라 확장하고 크렘린 궁전은 진화했지만, 경복궁은 600년 전의 모습을 복원하기만 합니다.

공묘의 경우 당나라, 송나라, 원나라, 명나라, 청나라 때까지 계속된 증

공자가 포교하는 모습이 새겨진 당나라 때의 그림과 공자의 가족묘

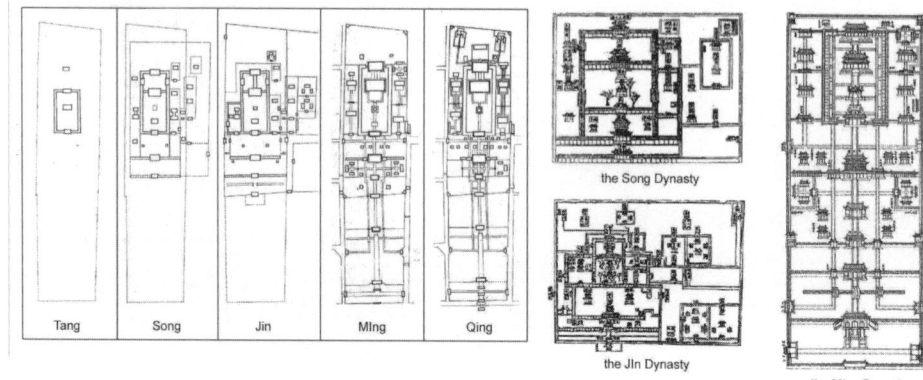

공묘의 시대별 도면

축과 복원을 통해 오늘의 모습에 이르렀습니다. 화재와 전쟁으로 인해 여러 번 파괴된 것을 끊임없이 덧지어 명나라 때 오늘의 모습을 완성했으며, 청나라 때 지금의 규모로 증축했습니다.

공묘에서 가장 흥미로운 곳은 대성전大成殿입니다. 공자의 위패를 모신 이곳에서 제사를 지냅니다. 황제들이 대성전을 방문하면 그 내용을 기록한 비석과 비각을 남깁니다. 2000년 동안 이어져 내려온 비석과 비각은 서로 다르면서도 다 같아 보입니다.

공묘 안의 건축물들은 언뜻 보면 같아 보이지만 사실은 모두 다른 시대에 지어진 건물이며, 같은 건축 원리로 지어진 같은 건물이기도 합니다. 그것이 바로 중국 건축의 정수입니다.

동양 건축은 시대가 바뀌어도 같은 양식을 반복합니다. 한나라, 당

공묘 전경 오른쪽에 대성전이 보이고 왼쪽에는 서고와 13개의 부속 건물이 있다. 부속 건물들은 같은 형태의 건물로 보이지만 모두 다르다.

나라, 청나라의 건축이 같지만, 같은 건축 양식으로 서로 다른 건축을 만들어 냈습니다. 서양 건축은 르네상스에 와서 고딕 건축을 부정하고, 로마네스크 때는 그 전의 초기 기독교 양식과 아주 다른 건축 양식을 만들었습니다. 로마 건축은 그리스의 영향을 크게 받았지만 전혀 다른 건축입니다.

제가 처음 공묘를 방문했을 때는 취푸 시장이 초대한 공식 방문이어서 안내를 따라 건물들을 가볍게 훑고 스쳐 지나갔습니다. 그때는 같은 건물들이 있는 줄 알았습니다. 그런데 뭔가 느낌이 달라 다시 자세히 살펴보니 전부 다른 건물이었습니다. 이것이 중국 건축이 갖는 독특한 공간의 상형문자일지 모릅니다.

중국에서는 한나라 때 처음으로 시험을 쳐서 공무원을 뽑았는데, 그때 '사서삼경'을 위주로 했습니다. 학문을 하는 목적이 공부 자체에 있어야지, 학문이 돈과 벼슬의 수단이 되어서는 안 됩니다. 주자조차 집안이 빈한해 가세를 살리기 위해서 고시를 보는 것은 진정한 학자의 길이 아니라고 했습니다. 그런데 조선의 학자들은 거의 대부분이 과거를 치르기 위해 유학을 공부했습니다. 게다가 과거 시험을 위해 서당을 조직화하고 공직을 사당화私黨化하기까지 했습니다. 조선 유학의 진정한 학자는 평소 벼슬길에 나서지 않다가 왜란과 호란이 일어나고 식민화가 진행되어 한반도가 혼란에 빠졌을 때 일어난 의병들뿐이라고 해도 과언이 아닙니다.

중국 역사의 큰 흐름은 시안長安에서 뤄양洛陽, 카이펑開封으로 움직였다가 명나라 때 난징南京으로 갑니다. 그리고 다시 북쪽의 베이징으로 향합니다. 중국 천하의 움직임은 서에서 계속 동진하다가 북상하는 형상을 보이고 있습니다.

중국이 지금의 형태를 갖춘 것은 청나라 건륭제 때입니다. 200년 전만 해도 중국은 중원을 중심으로 한 일대의 지역을 의미했습니다.

춘추전국 시대에는 진, 초, 연, 제, 한, 위, 조의 7국이 병립하고 있었습니다. 이 제국의 통일을 시도한 것이 진시황입니다. 그러나 진시황의 통일은 몇몇 패권 국가를 병합한 것에 불과하지, 법령으로나 문명으로 통합된 하나의 중국을 만든 것은 아닙니다. 한나라에 와서 비로소 하나의 중국이 만들어졌습니다. 그 뒤 한나라를 이은 5호 16국을

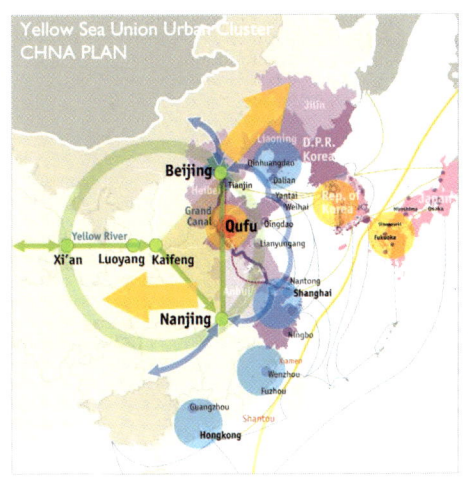

중국 역사의 큰 흐름을
보여주는 지도

평정하고 중국을 통일한 수나라와 당나라, 송나라 이후 중국 천하를 통일해 더 크고 넓게 함으로써 오늘날 중국의 기틀을 만든 것은 북방 민족들입니다. 동이, 서융, 남만, 북적 등이 번갈아 가며 중국을 점령해 영토를 넓히면서 중국을 세계 제국으로 키웠습니다.

청나라 이전까지도 황하 일대와 양쯔 강 주변을 중심으로 하는 중원 일원의 문명을 일컬어 중국 문명이라 했으나, 현 중화민국은 티베트와 위구르와 만주까지를 병합한 영토 안의 모든 문명을 중국 문명이라고 하기 시작했습니다.

중국은 대운하와 고속철도와 고속도로를 건설해 중국을 하나로 묶고자 합니다. 이전까지의 중국은 너무 넓어서 정치적으로는 통합되었으나 이념적으로나 관념적으로 하나의 국가는 아니었습니다. 중국은 중화인민공화국에 들어와서 중국 전체를 하나의 경제 공동체로 묶는

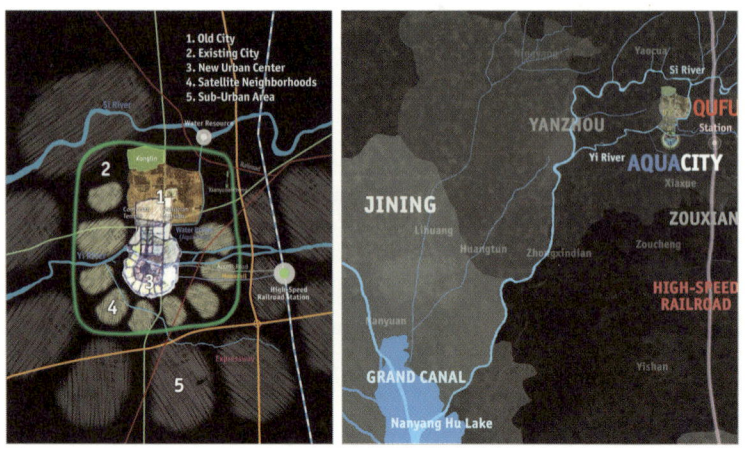

취푸 마스터플랜(왼쪽)과 대운하와 고속도로 사이에 위치한 취푸와 취푸 신도시(오른쪽)

일을 하고 있습니다.

지금도 여전히 위, 촉, 오의 삼국 시대는 존재합니다. 촉나라의 수도였던 쓰촨 성이나 충칭重慶에 가면 충칭에서 상하이를 잇는 양쯔 강을 운하로 만들면서 영원히 그곳에서만 사는 사람이 대부분입니다. 그런데 대운하를 만들면 5000톤의 배가 충칭에서 상하이를 거쳐 경항京杭 운하를 통해 베이징까지 갈 수 있습니다. 중국이 대운하와 고속철도를 이용해 5000년 만에 지리적으로 하나가 되어 가는 중입니다.

그러나 문화적으로 위, 촉, 오로 삼분되었던 삼국 시대의 틀은 지금까지 남아 중국을 남과 북, 동과 서로 나누고 있습니다. 그 틀을 깨뜨리는 것이 대운하와 고속철도인데, 중국의 근원지인 취푸는 이 모든 것을 통합할 수 있는 자리에 있습니다. 촉나라까지 보기에는 무리가 있지만 위나라와 오나라의 역사, 지리, 인문을 묶을 수 있는 곳으로 취

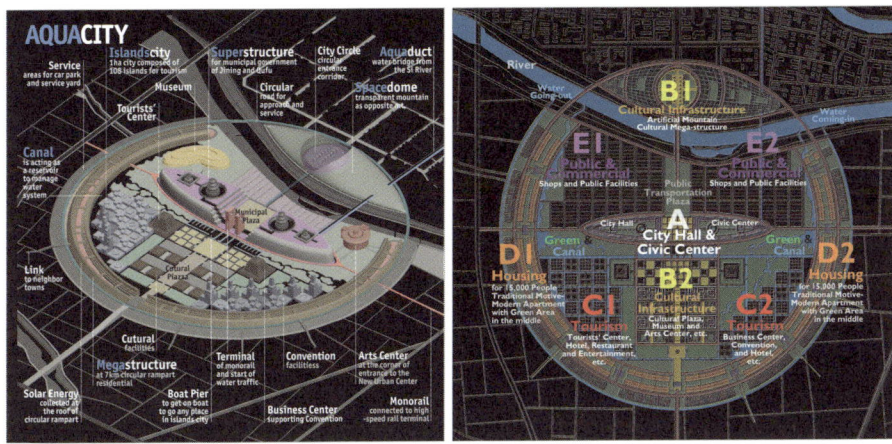

취푸 신도시 마스터플랜

푸만 한 지역은 없습니다. 저는 취푸를 세계 도시로 선언하자고 제안했습니다.

제가 조어대*에서 「20세기 중국 전략 논단」을 통해 중국의 지도자들에게 강연했을 때, 중국이 세계의 지도 국가가 되려면 공산주의로는 안 된다고 했습니다. 2000년 동안 중국 문명을 이끌어 온 것이 바로 유학입니다. 취푸와 유학을 세계에 선언하고 유학을 세계 국가 중국의 지도 이념으로 삼아야만 중국이 아시아의 리더가 될 수 있으며, 세계의 중심 국가가 될 수 있다고 했습니다. 미국이 중세 유럽의 가톨릭에서 벗어나 산업혁명이 이룬 새로운 크리스처니즘으로 세계를 끌고 나갔

---

* 댜오위타이(釣魚臺)라고 한다. 베이징 서부 하이뎬구(海淀區) 위위안탄공원(玉淵潭公園) 동쪽에 있는 황가의 원림園林이다. 원내 주요 건축물은 건륭제 때 지어졌으며, 1959년부터 중국의 국빈관으로 사용되고 있다.

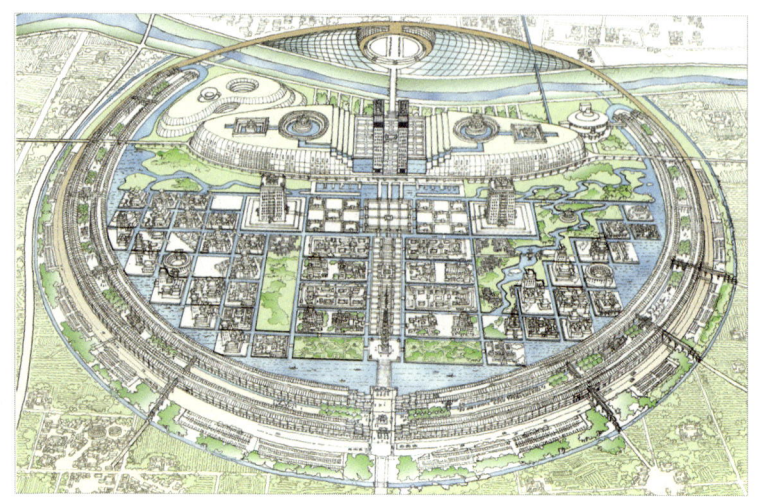

취푸 신도시 마스터플랜 조감도

듯이 이념 없이는 세계 지도자가 되지 못하며, 유학 이념의 상징 도시로 취푸 신도시를 지어야 한다고 설득했습니다.

도시화로 인해 옛 도시의 원형이 파괴된 취푸 바깥에 신도시를 만들어 새로운 발전에 따른 수요를 충족하고, 옛 도시는 세계문화유산으로 보존하자는 제안을 한 것입니다. 취푸의 옛 도시 위아래로 중국 대운하에서 이어지는 쓰수이강泗水(Si Shui)과 이허강沂河이 지나갑니다. 물이 많은 쓰수이에서 물이 거의 없는 이허로 물을 끌고 들어와 수상 도시 취푸 신도시를 만들 계획을 세웠습니다.

취푸에는 인구가 많지 않습니다. 신도시를 만들려면 성장 동력의 기본인 인구가 있어야 하기 때문에 산둥 성의 주도인 지닝濟寧의 지방 정부와 대학을 옮겨 인구 40만의 신도시를 만들기로 했습니다. 취푸 외곽에 도시 회랑을 만들어 그 안에 구도시에 대응하는 신도시 건설을 제안하고, 외곽에는 농촌형 기업 도시를 만드는 구상을 제안했습니다.

이슬람 사회에서는 누구든 평생에 한 번은 메카에 가야 합니다. 취푸도 중국인이라면 평생에 한 번은 가야 하는 도시로 만들고자 했습니다. 중국의 인구는 13억 명이 넘고, 화교의 숫자도 6000만 명에 가깝습니다. 중국 인구만으로도 취푸는 엄청난 문화 자산이며 관광 산업 자원이 될 수 있습니다.

세계 에너지의 3/4은 도시에서 소비됩니다. 건축물이 반을 사용하고 1/4은 자동차, 비행기, 배 등이 씁니다. 나머지 1/4만이 산업에 쓰입니다. 녹색 도시라는 것은 이미 지은 건물의 경우에는 의미가 없습니다. 현재 세계 인구의 5퍼센트를 차지하는 미국인이 에너지의 25퍼센트를 사용하고 있습니다. 그러면서 그들이 녹색 성장을 말합니다. 그들과 같은 도시를 계속 만든다면 인류는 공멸할 수밖에 없습니다. 취푸는 공자의 정신, 유학의 정신을 지닌 도시입니다. 최소 에너지를 소비하는, 남을 먼저 생각하는 인仁과 화和의 도시를 만들어 보고자 했습니다.

2. 자라투스트라—바쿠—이체리 셰헤르—바쿠 신도시

우리는 지중해와 홍해는 잘 알지만 페르시아 만 일대와 카스피 해 일대에 대해서는 잘 모릅니다. 세계에서 석유와 천연가스가 가장 많이 매장되어 있는 곳이 페르시아 만과 이라크, 이란, 쿠웨이트 일대이

페르시아 만, 홍해, 카스피 해 일대

고, 그 다음이 카스피 해 일대입니다. 카스피 해는 과거에는 바다였지만 지금은 거대한 호수가 되었습니다. 카스피 해의 원유를 보다 원활하게 수송하기 위해 2005년 바쿠 일대에서 지중해를 통해 유럽과 세계 곳곳으로 송유관을 만들었습니다.

조로아스터교의 성지인 바쿠는 현재 카스피 해의 중심 도시입니다. 페르시아 만 일대 못지않은 천연가스의 보고가 바쿠 일대입니다. 원유와 천연가스를 안정적으로 확보하는 것은 국가 안보와 직결되는 중요한 부분입니다. 따라서 아제르바이잔의 바쿠 신행정수도를 우리가 세운다는 것은 상당히 뜻있는 일이라고 생각합니다.

제가 한국 정부로부터 뉴바쿠 설계를 제안받았을 때 몸이 좋지 않았음에도 수락했던 이유는 『자라투스트라는 이렇게 말했다』에서 자라투스트라가 설법을 하던 바로 그곳이 바쿠였기 때문이기도 하지만, 세계 최고의 천연가스를 중앙아시아를 통해 한반도로 들여올 수 있기 때문이었습니다.

저는 고등학교 때 죽음의 문제에 대해 많이 생각했습니다. 그리고 인문학에서 가장 중요한 분야가 종교와 철학이라고 생각했기에 불교와 서양철학을 열심히 공부했지만, 죽음과 내세에 대한 답을 얻지는 못했습니다.

그 당시 같은 하숙집에 있던 신동욱 선생을 만나러 이어령 선생이 찾아오곤 했습니다. 두 사람은 하숙집에서 가장 넓은 제 방에 모여 담론을 벌였고, 자연스럽게 저도 같이 끼어 이야기를 나누었습니다. 그 담론은 1년 정도 지속되었고, 그때 저는 많은 것을 배웠습니다. 당시 제게 가장 심각하게 여겨졌던 문제를 이어령 선생에게 질문했습니다.

"신은 존재합니까?"

선생은 대뜸 "신은 니체가 죽였다"며 『자라투스트라는 이렇게 말했다』를 읽어 보라고 했습니다. 저는 바로 그 책을 읽었고, 굉장한 감동을 받았지만 이해할 수는 없었습니다.

자라투스트라

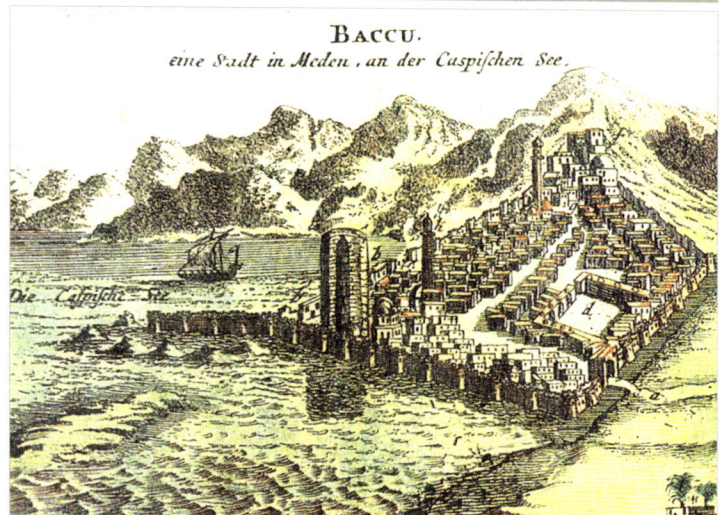

바쿠의 옛 성곽 그림

고등학생 때는 미국에 있는 누나에게 매주 책을 보내 달라고 해서 읽었습니다. 중앙우체국에 도착한 책이 늦게 배달될까 봐 연락을 해 달라고 부탁하다가, 그것조차 참지 못해 우체국에 직접 가서 기다렸다 책을 받자마자 돌아오는 길에 읽곤 했습니다. 고등학생인 제가 보기에 조로아스터교는 완벽한 이론 체계를 갖춘 종교였습니다. 불교는 거대한 깨달음이 있어야 도달할 수 있는 종교이고, 유학은 한없이 거듭되는 공부와 실천 사이에 존재하는 행위의 철학이며, 기독교는 강력한 도그마가 전제되었기 때문에 거부감이 들었습니다.

조로아스터교를 니체가 정리한 책이 『자라투스트라는 이렇게 말했다』였기 때문에 언젠가 자라투스트라가 살던 곳으로 가리라고 생각했던 바로 그곳이 바쿠입니다. '바쿠'는 바람이 불어온다는 뜻이고, 바쿠의 지표면 바로 아래에 석유와 천연가스가 있습니다. 바쿠의 '바람'과 '불'이 종교 공동체를 이루는 데 강력한 상징이 되었습니다. 제 마음속에 강하게 박혀 있던 조로아스터교의 발원지 바쿠에 신도시를 설계하라니, 흥분하지 않을 수 없었습니다. 그래서 설계 계약도 하지 않은 채 바로 작업에 들어갔습니다.

토지공사와 계약을 한 뒤 함께 바쿠에 갔습니다. 새벽 4시에 도착했는데, 여섯 명이 나와서 기다리고 있었습니다. 저는 도착하자마자 바쿠의 발상지인 이체리 세헤르를 보고 싶다고 했습니다. 이체리 세헤르는 서울의 사대문안이라고 할 수 있습니다. 역사라는 것은 어느 사이에 서서히 없어집니다. 그런데 이체리 세헤르에 갔더니 선사 시대의 바쿠부터 조로아스터가 강연을 했다는 바로 그 자리와 조로아스터교

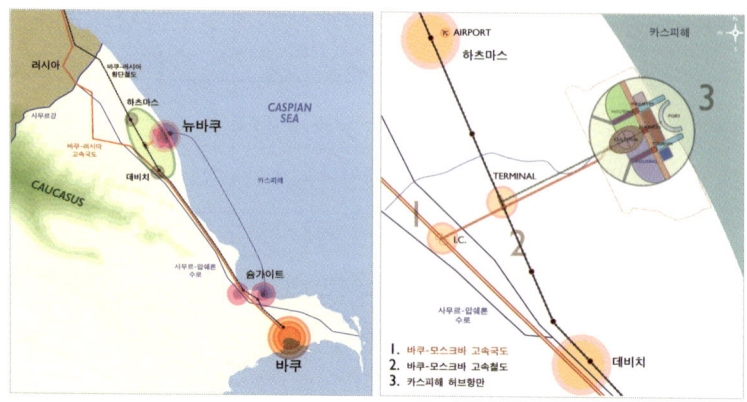

바쿠 위 사무르–압쉐론 수로를 따라 올라가 하츠마스와 데비치 사이 카스피 해변에 위치하는 뉴바쿠

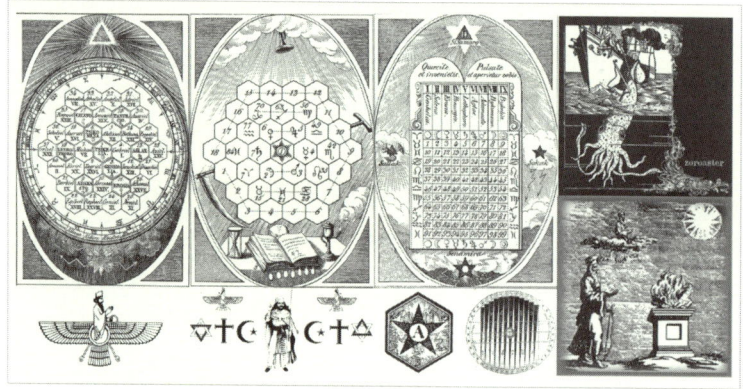

자라투스트라의 여러 상징 형식들   우리는 언어 형식으로 된 것을 지혜와 지식이라고 생각하지만, 상징 형식과 형상들도 강력한 의미를 갖는다.

뉴바쿠 마스터플랜

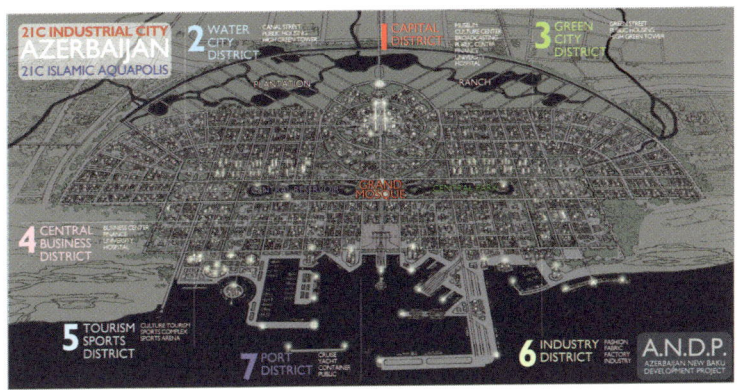

뉴바쿠 조감도

의 신전까지 모두 남아 있었습니다. 옛 바쿠를 보고 감격했습니다.

　성곽 도시 바쿠에서 가장 아름답고 뛰어난 건물은 메이든 타워입니다. 12세기에 건설된 메이든 타워는 '정복할 수 없는 성역'이라는 뜻을 가지고 있으며, 높이 28미터에 직경이 16미터인 원통형 요새입니다. 외세의 침략을 막아 내겠다는 의지와 사람이 서 있기도 힘든 바닷바람을 막기 위해 거대한 성채를 세운 것입니다. 카프카스 산맥에서 바쿠로 내려오는 바람이 엄청나, 메이든 타워에서는 서 있기가 힘들 정도입니다.

　뉴바쿠를 설계하면서 『자라투스트라는 이렇게 말했다』를 다시 읽었습니다. 고등학교 시절에 읽었던 책의 번역이 사실과 많이 다르다는 것을 알 수 있었습니다. 제가 알고 있던 자라투스트라는 제 상상력으로 만든 사람이었습니다.

　저는 인문학자가 도시설계를 해야 한다는 믿음을 가지고 있습니다.

인문학자가 자연과학자와 사회과학자의 도움을 받아 도시를 설계할 때 참다운 도시를 만들 수 있다고 생각합니다. 20세기의 도시는 반역사적이고 반인간적이며 반인문적이라고 생각하는 사람으로서 '내가 참다운 도시를 만들 수 있으면 내가 살아온 뜻이 있다'고 느껴 뉴바쿠 설계를 결심했습니다.

"인간의 평등과 무한한 자유와 타인에 대한 사랑을 추구하고, 공동체와 자기를 일체로 생각하라"는 자라투스트라의 말은 바로 제가 생각하던 21세기 도시의 근원입니다. 자라투스트라의 경전을 읽은 뒤 저도 제가 쓴 도시선언인 「메가리데 헌장」에 인용할 만한 것이 있다는 생각이 들었습니다. 인문학은 단순히 책을 공부하고 암기하는 것만이 아니라 스스로 생각하는 바와 성현의 가르침이 만나는 부분이 있어야 합니다. 저는 뉴바쿠를 구상하면서 자라투스트라의 여러 상징 형식을 도시설계에 반영해 보았습니다.

뉴바쿠의 위치는 구소련 연방 때 모스크바 공산당 지도자를 위해 채소가 재배되었던 곳입니다. 처음 방문했을 때 벌판 한가운데 웬 비행장이 있나 생각했는데, 알고 보니 이곳에서 자란 채소가 너무 맛있어서 비행기를 통해 러시아로 공급했다고 합니다. 또한 카스피 해는 철갑상어의 대부분을 생산합니다. 그래서 농업과 어업과 2차 산업과 항만이 함께하는 도시를 계획했습니다.

바쿠는 자라투스트라의 도시입니다. 한국 사람인 제가 뉴바쿠를 설계할 수 있는 것은 인문학을 했기에 가능한 일이라고 생각합니다.

3. 플라톤-아테네-아크로폴리스-알렉산드리아 도서관

플라톤Platon(B.C. 427~B.C. 347)과 아리스토텔레스Aristoteles(B.C. 384~B.C. 322)의 도시인 아테네를 설명하고자 합니다.

과거의 사람들이 바람과 비를 피하기 위해 동굴에서 살다가 집을 짓고 살기 시작하면서 문명 세계가 일어나고, 인문학의 발달과 함께 삶의 가치와 집단의 중요함을 알게 되면서 도시 형식이 나타났습니다. 그리스는 도시공화국이었습니다. 여러 개의 도시공화국이 서로 동맹 관계를 형성해서 그리스 문명을 만들었습니다. 그리스라고 하면 대부분 아테네 일대를 생각하지만, 실은 페르시아를 지나 알렉산드리아까지가 모두 그리스 문명의 바탕이었습니다. 그리스 문명을 단순히 아테네 일원의 문명이라고 생각해서는 안 됩니다. 그리스의 도시 문명을 형성한 데는 공동체를 결속케 하는 힘을 가진 신전과 극장과 시

플라톤과
아리스토텔레스 석상

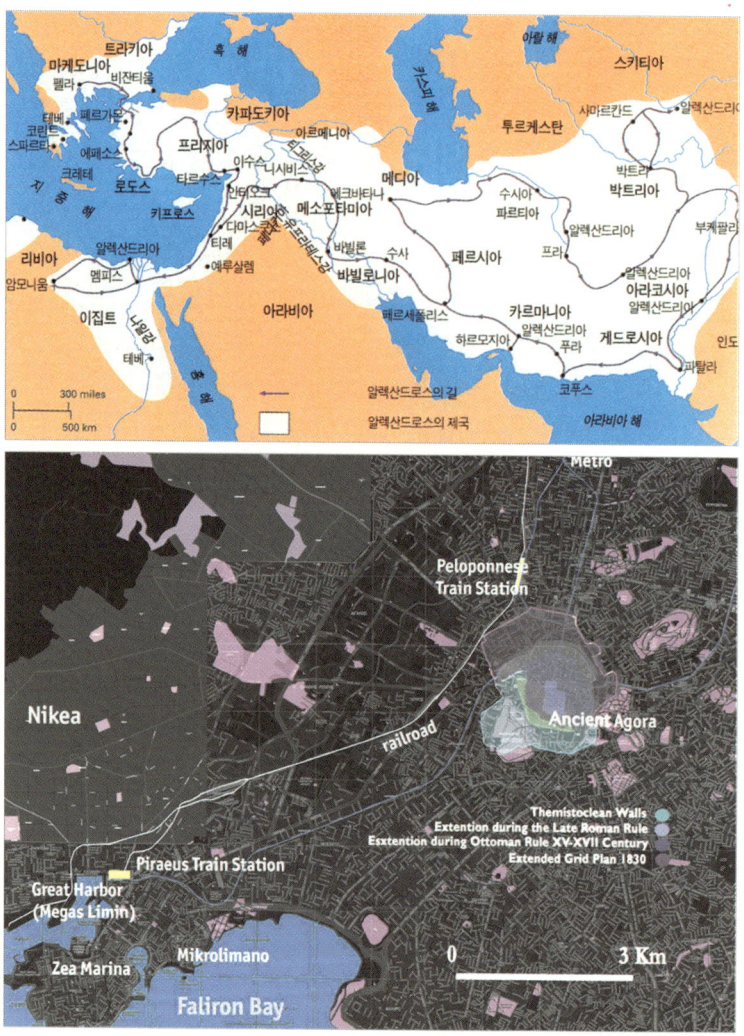

그리스 문명의 영역(위)과 아테네 일대 지도(아래)

장 등 공공 공간의 역할이 중요했습니다.

아테네의 옛 도시는 사대문안 서울 정도의 크기였습니다. 아테네의 중심에는 고대 그리스와 지중해를 지배했던 페리클레스Perikles(B.C. 495?~B.C. 429)가 만든 아크로폴리스가 있습니다. 아크로폴리스는 언덕으로 이루어져 있으며 그 꼭대기에는 아고라가 있습니다. 우리는 폐허가 된 아크로폴리스의 모습을 기억하지만, 당시의 모습을 재현해서 그린 그림을 보면 얼마나 굉장한 도시의 상징적 중심이었는지를 알 수 있습니다. 우린 그리스라고 하면 도시국가로 생각하는데, 실은 페르시아까지를 모두 차지했던 제국이었습니다.

알렉산더 대왕Alexandros the Great(B.C. 356~B.C. 323)은 아버지가 이룬 그리스의 통일을 배경으로 금방 세계로 뻗어 나갔습니다. 그리스 문명의 핵심이었던 아테네와 스파르타는 동맹 관계지 하나의 국가가 아니었습니다. 그것을 알렉산더 대왕이 하나의 국가로 만들었습니다. 그 뒤 그리스가 페르시아와 지중해 일대를 통합해 신수도를 만들자고 선언해서 탄생한 것이 알렉산드리아입니다. "저기에 내 도시를 세워라"라는 알렉산더 대왕의 지시로 일거에 설계해서 만든 최초의 계획 도시입니다. 조선조가 사대문안에 신수도를 건설할 때 한번에 설계하고 만들어서 600년을 유지해 왔듯이, 알렉산드리아도 600년 넘게 지속된 도시였습니다. 알렉산드리아는 거주민을 위한 도시이기보다는 제국의 통치를 위한 도시였습니다. 가장 먼저 세계 7대 불가사의 가운데 하나인 파로스 등대를 세우고 알렉산드리아 도서관을 만들었습니

아크로폴리스

당시의 아크로폴리스 모습을 재현한 그림
파르테논 신전을 비롯해 수많은 신전이 있었으나 지금은 네 개의 신전과 성채만 남아 있다.

아고라

알렉산드리아 지도

다. 지중해를 조감할 수 있는 등대와 제국의 모든 정보를 모을 수 있는 곳을 만든 것입니다. 파로스 등대와 알렉산드리아 도서관을 만든 뒤에는 제국의 궁전을 지었습니다. 알렉산더 대왕 이후 프톨레마이오스가 알렉산드리아를 이어받아 완성시켰습니다.

 그 당시의 알렉산드리아 건설에 관한 자료는 어디서도 찾아볼 수가 없습니다. 런던의 대영도서관, 파리의 국립도서관, 뉴욕 42번가의 공립도서관에도 가 보았지만 허사였습니다. 따라서 제가 알렉산드리아에 대해 구체적으로 이야기하기는 어렵지만, 알렉산드리아는 그리스 문명이 만들어 낸 도시 형식이 진화된 것이 아니라 그 도시들을 지배하기 위해 만들어진 최초의 제국 도시라고 볼 수 있습니다. 지중해와 페르시아 만 일대의 식민 통치를 가능케 하는 도시였습니다. 알렉산드리아에서는 오히려 그리스 문명의 도시 이념이 배반당했다고 볼 수

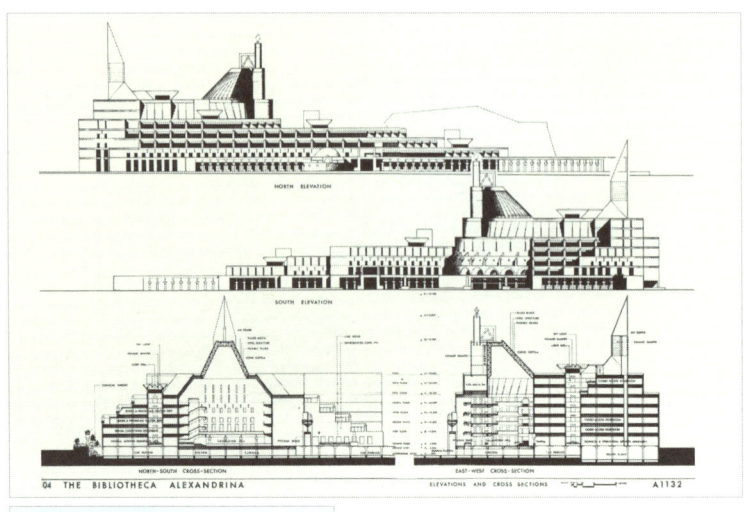

알렉산드리아 도서관 현상에 냈던 안(위)
당선되어 현재 지어진 도서관(가운데, 아래)

있습니다. 알렉산드리아가 현재 유럽 도시의 모델이 되었다고 생각합니다.

알렉산드리아 박물관에 가면 클레오파트라의 데스마스크death mask가 있습니다. 박물관에서 가장 많은 관심을 끄는 전시품입니다. 그 데스마스크를 보면서 많은 사람들이 클레오파트라가 절세미인이었기보다 희대의 마녀미인이었다는 말들을 하곤 합니다. 실제로 가서 보면 이마도 좁고 외모도 그렇게 뛰어나지 않습니다. 여자의 가장 강력한 무기는 교감할 수 있는 대화의 기술과 표정입니다. 클레오파트라에게는 사람을 흔들어 놓는 언술이 있었습니다. 외모가 아니라 지성과 자신이 가진 모든 것으로 남자를 흔든 것입니다.

알렉산드리아 도서관 현상 설계에는 저도 참가해 석 달 동안 매일 밤을 새우다시피 했습니다. 그때 제가 처음으로 태양열 시스템을 제안했습니다.

현재 당선되어 서 있는 안은 우주선같이 근사하고 건축가들이 좋아하는 건축입니다. 그러나 도시인들이 사랑하는 도서관은 아닙니다. 현상 설계용의 계획안이라고 할 수 있습니다. 현상 설계의 문제점은 하늘에서 내려다보았을 때 아름답고 눈에 띄는 안을 당선작으로 뽑는다는 것입니다.

4. 카이사르─로마─포로 로마노─밀라노디자인시티

『일리아드』와 『오디세이』에 의하면 로마는 그리스 신화에 나오는 영웅 아이네이아스가 트로이 성이 함락되자 귀족들과 함께 피신한 뒤 세력을 확대해서 만든 나라입니다. 그리스는 섬 문명이고 로마는 대륙 문명입니다. 그리스 문명이 발전해서 로마 문명이 된 것이 아니라, 에트루스칸 문명에 그리스 문명이 더해진 것이 로마 문명입니다. 그리스 문명의 핵심이었던 트로이와 그리스 연합군에서 이탈한 전사들이 에트루스칸 문명을 점령하면서 로마 공화정이 생기기 시작했습니다. 존재하던 공화국을 지키기 위해 전사들이 등장한 것이 아니라, 처음부터 전사들이 국가를 만들었습니다. 따라서 정치가들이 지배하던 그리스와 달리 로마는 전사들이 이룩한 도시입니다.

그리스와 로마는 통치 영역이 달랐습니다. 라인 강과 다뉴브 강을 경계로 갈리아 지방부터 콘스탄티노플, 갈라티아, 알렉산드리아, 히스파니아를 지나 브리타니아까지를 아우르는 대부분이 로마의 영토였습니다. 아우구스투스Augustus(B.C. 63~A.D. 14)의 유언장에 더 이상

카이사르와
아우구스투스

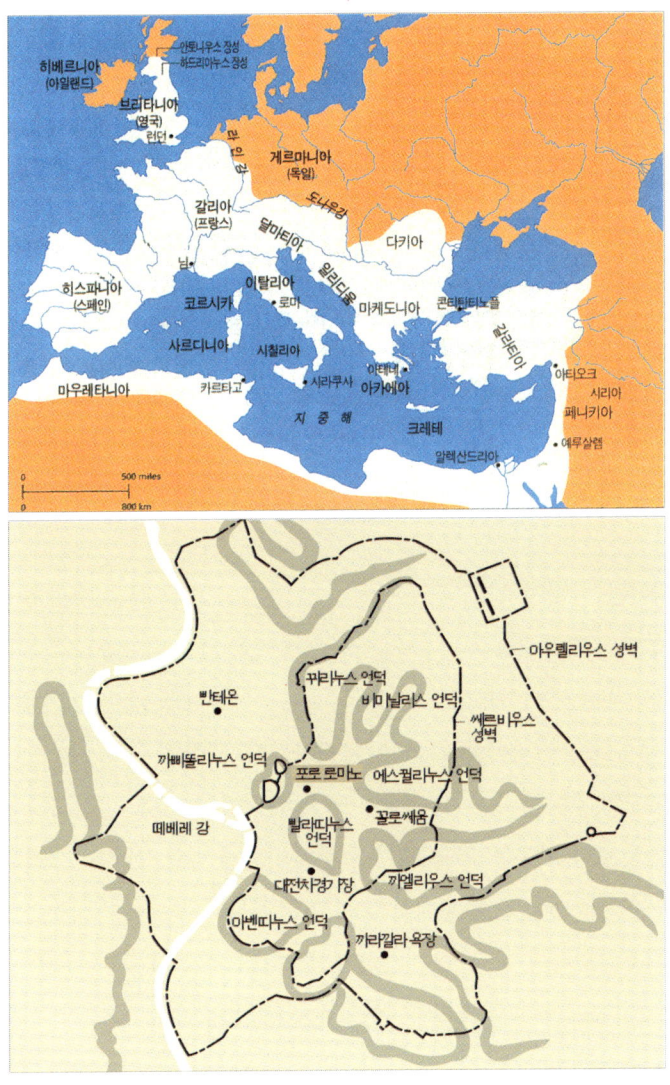

로마의 영역(위)과 아우렐리우스 성벽으로 둘러싸인 로마 제국(아래)

당시 로마의 모습

갈리아를 넘어선 영토 확장을 하지 말라는 내용이 있을 정도로 엄청난 영토를 지배했습니다. 그리스와는 영역이 전혀 달랐습니다.

율리우스 카이사르Gaius Julius Caesar(B.C. 100~B.C. 44)는 『갈리아 전기』에서 게르마니아와 갈리아, 브리타니아에 대한 이야기를 합니다. 게르만은 통치할 수 없는 종족이라고 합니다. 단결심이 강하고 삶에 대한 뜻보다 싸우는 것을 즐기며 무자비하기 때문입니다. 그러나 갈리아인은 겉멋이 들어 통치하기 쉽고 분열시켜 놓으면 자기들끼리 쉽게 싸운다고 썼습니다. 브리타니아인은 지도자가 없을 때 통치하기가 아주 쉽다고 합니다. 브리타니아인은 강력한 지도자가 없으면 힘을 잃는다는 이야기입니다.

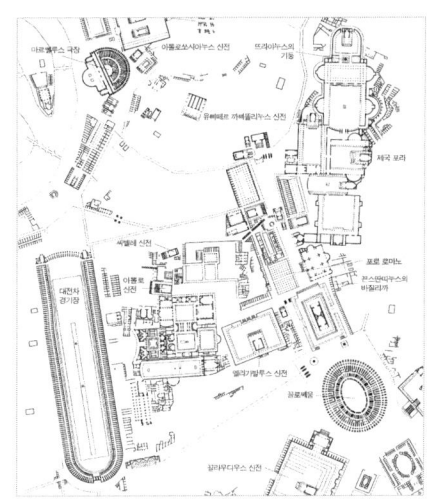

포로 로마노 배치도

　포로 로마노는 로마의 공화정을 상징하는 곳입니다. 공화정이란 왕이 아닌 소수의 사람이 권력을 독점하던 체제입니다. 따라서 몇 개의 가문이 일곱 언덕을 점유하고, 중앙 공간은 로마 귀족과 시민의 중심지였습니다. 그러다가 로마가 황제의 제국이 되면서 로마의 도시 구조가 달라집니다. 로마 공화정의 통치 영역은 로마 일대였으나 로마 황제의 로마 제국은 전 유럽을 다스리는 도시였습니다. "모든 길은 로마로 통한다"던 바로 그 로마가 되었습니다.

　제가 로마대학에서 강의를 하고 로마대학 학장과 함께 로마 신도시 설계도 하게 되어 로마에 자주 다녔습니다. 자주 다니다 보니 폐허인 포로 로마노가 폐허인데도 로마의 실제처럼 보입니다. 폐허를 보고 감동하는 것은 문학적 감동이지만, 이제는 그곳에 가면 모든 것이 보이는 건축적·도시적 감동을 느낍니다. 제 아들이 고등학교 다닐 때 앞으로 무엇을 하면 좋겠냐고 묻길래 르네상스를 공부하라고 했습니다. 가장 공부할 가치가 있으며, 한국 사람이 공부해야 하는 것이 르네상스라고 했습니다. 그 뒤 서양사학과를 졸업한 아들이 르네상스의 도시를 공부해 도시설계를 하고 싶다며 유학 준비를 할 때 같이 로마에 갔습니다. 제가 포로 로마노를 보며 설명을 해 주었더니, "안 보이는데 어떻게 다 아십니까?"라고 했습니다. 폐허 속에서 실제를 느낄 수 있어야 역사학자일 수 있으며 건축가, 도시설계자라고 설명하던 때가 엊그제 같습니다.

천 년 동안 인간이 만든 가장 크고 위대한 공간은 판테온이었다고 합니다. 다신교를 믿었던 로마에는 수많은 신이 있었습니다. 판테온은 그 모든 신을 모시던 신전입니다. 천장 한가운데에는 직경 9미터의

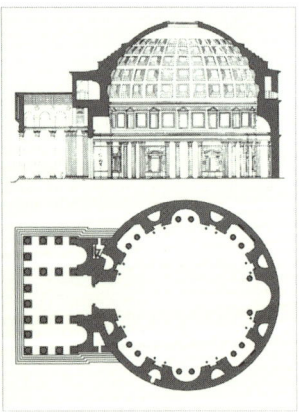

판테온

판테온

구멍이 뚫려 있어 비가 내리면 물이 건물 안까지 들어옵니다. 판테온이 현대 문명의 도구들을 사용해서 지어진 것이라면 기적이라고 할 이유가 없습니다. 판테온은 기계의 힘을 빌리지 않고 인간의 힘으로만 만든 가장 크고 위대한 공간입니다. 그 당시 문명과 석조 건축의 규모로 봤을 때 판테온이 갖는 스케일은 공간을 넘어선 하나의 세계였습니다. 그 뒤 천 년 동안 그만한 구조물은 나타나지 않았습니다. 엄청난 크기의 대공간이지만 인간이 그 안에 들어갔을 때는 인간적 스케일의 편안함을 느낍니다. 거대 공간 속에서 휴먼 스케일을 느낄 수 있습니다. 판테온은 휴먼 스케일의, 언휴먼 스케일의 공간입니다. 가장 거대하고 단순하면서도 섬세하고 교묘한 규모와 비례의 아름다움을 가진 건축입니다. 이후에 브루넬레스키가 돔을 만들었지만 그 크기만을 따를 수 있었을 뿐입니다.

　판테온은 인간이 만든 기적의 공간입니다. 로마 문명은 판테온으로 남았다고 해도 과언이 아닙니다. 판테온에 직접 가서 서 있으면 여러분도 로마 문명의 스케일과 콘텐츠를 느낄 수 있을 것입니다.

　마지막으로 말씀드릴 것은 제가 로마대학, 밀라노공대와 함께 작업하고 있는 밀라노디자인시티입니다. 베이징, 상하이, 오사카, 도쿄, 서울과 인천 일대는 세계 10대 메트로폴리스입니다. 이런 도시들이 한 시간 반 비행 거리 안에 다섯이나 함께 모여 있는 경우는 역사적으로 없었습니다. 이 다섯 개의 메트로폴리스가 YU Yellow Sea Union(황해 공동체)를 이루고, 그 한가운데 인천공항이 자리하고 있습니다. 저는 세계

다섯 메트로폴리스(위)와 서울·인천 메트로폴리스(아래)

메트로폴리스의 반이 모여 있는 이곳에 세계적인 허브 마켓을 만들자는 제안을 했습니다. 우리는 공업으로는 이미 일어설 수 있는 데까지 일어섰습니다. 공자보다 시장이 더 크게 세상을 지배합니다.

온라인 시장이 생기면서 오프라인 시장은 견본 시장으로 바뀌었습니다. 현재 오프라인 시장의 상당 부분을 컨벤션센터와 견본 시장의 기능을 갖춘 피에라 밀라노Fiera Milano*와 하노버 메쎄Hannover Messe**

인천공항과 밀라노디자인시티

가 지배하고 있습니다. 그들이 브릭스BRICs(브라질, 러시아, 인도, 중국)에 진출하기 위해 공동 회사를 만들었습니다. 제가 그 공동 회사를 인천으로 끌고 오고자 한 것입니다. 그러려면 밀라노와 하노버를 설득해야 합니다. EU(유럽연합)의 베를린, 파리의 인구가 도쿄 인구의 반이 안됩니다. 우리가 YU의 중심 시장을 차지하는 것은 굉장히 중요한 일입니다.

인천공항이 만들어졌을 때, 과장된 표현이지만 단군 이래 최고의 투자라고 생각했습니다. 그러나 공항이 공항으로만 머물러서는 의미가 없습니다. 옛날에는 항만이 세계 도시들의 중심이었지만 지금은 배를 타고 다니는 사람은 거의 없습니다. 이제는 모든 사람이 비행기로 이동합니다. 한때는 거대한 토목적 스케일을 가진 공항 주변에 도

---

* '밀라노의 전시장'이라는 뜻의 전시 컨벤션센터로, 세계적인 규모의 전시회와 패션쇼가 열린다.
** 매년 4월 독일의 하노버에서 열리는 대규모 산업박람회.

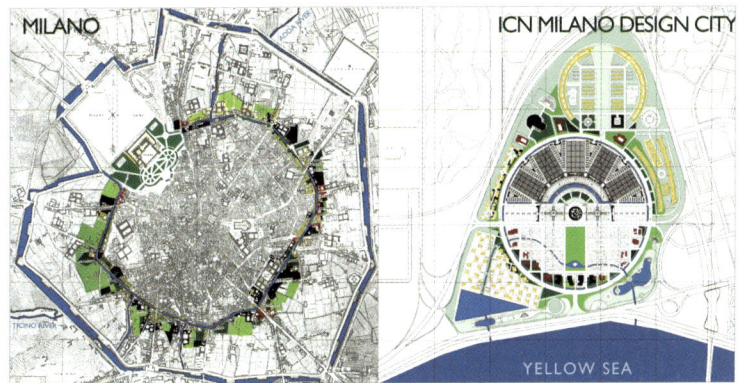

피렌체가 미켈란젤로의 도시라면 밀라노는 레오나르도 다빈치의 도시다. 그가 직접 밀라노의 도시 계획을 세웠다. 밀라노와 밀라노디자인시티는 그 규모가 비슷하다.

시를 세우는 일은 어렵다고 보았습니다. 그러나 이제는 공항이 도시의 중심이 되고, 시장이 될 수 있습니다. 실제로 뒤셀도르프공항은 그 일대가 전부 도시화되어 있습니다. 우리도 인천공항 바로 옆에 세계 최고의 시장 도시를 만들어야 합니다. 시장은 디자인이 지배합니다.

인천공항에서 동쪽으로 4.5킬로미터 떨어진 곳에 밀라노디자인시티가 들어설 것입니다. 오른쪽으로는 인천대교가 지나며 북쪽으로 올라가면 개성이 있습니다. 제가 보기에 바로 이 자리가 세계의 장터로 세계에서 가장 유망한 곳입니다. 여기에 세계 최고의 장터를 만들어 보자는 안입니다.

밀라노디자인시티에는 세계 다섯 번째 규모의 대형 컨벤션센터와 전시장이 들어섭니다. 다섯 개의 파빌리온이 들어서는데, 하나의 크기가 가로 170미터, 세로 250미터로 킨텍스를 다 합친 것보다 큽니다. 파

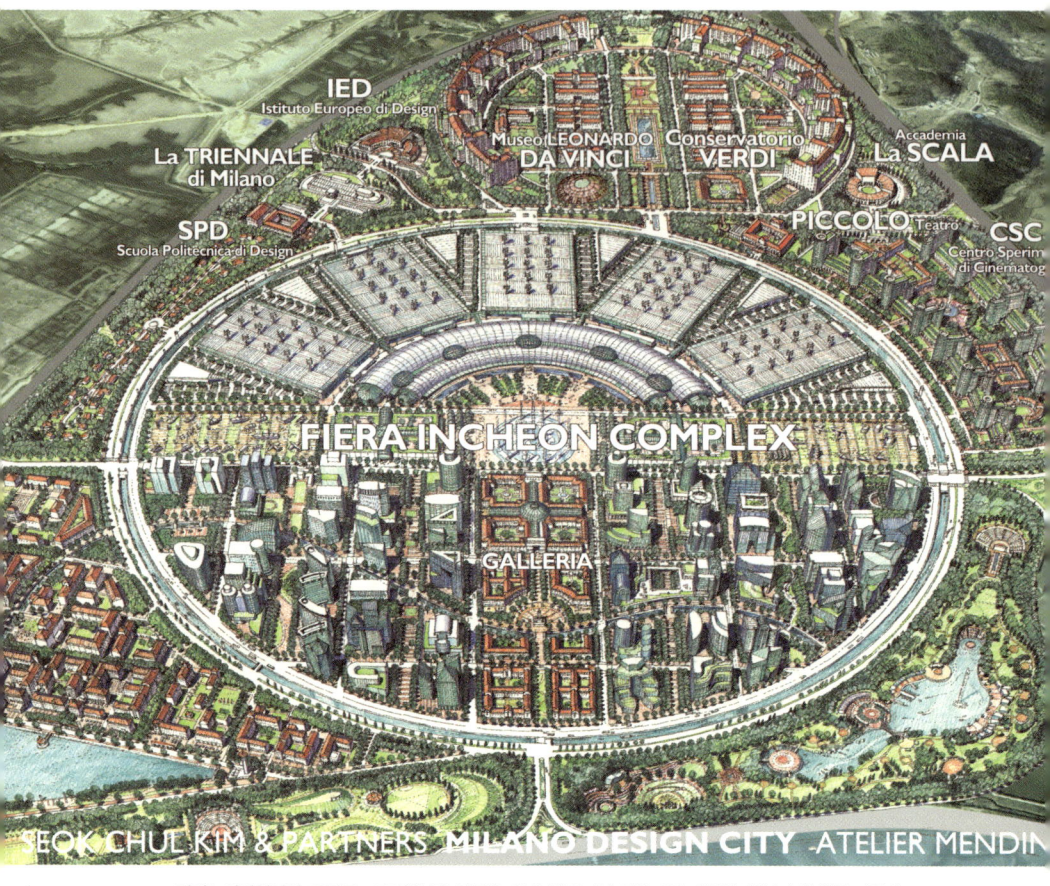

밀라노디자인시티 조감도. 트리엔날레 건물은 현재 완공되어 이탈리아 대통령 부부가 참석한 가운데 2009년 9월 15일 개관식을 가졌다.

빌리온 앞의 콩코스(중앙 광장) 부분은 인천공항보다 더 큽니다.

밀라노디자인시티는 해수와 태양 전지를 이용하는 반석유, 비원자력의 자연 에너지 시티입니다. 영종도와 용유도 사이를 메워서 만든 바다 도시이므로 해수를 북쪽에서부터 끌고 들어와 본래의 바닷길을 흐르도록 하고, 그 열의 차이를 이용해서 에너지를 만들어 내는 도시를 건설할 수 있습니다.

역사적으로 고성장을 이룩한 일곱 나라가 있습니다. 신대륙을 발견한 에스파냐, 세계 무역을 장악했던 네덜란드, 산업혁명을 일으킨 영국, 제1차 세계대전과 제2차 세계대전의 사실상 유일한 승전국인 미국, 제2차 세계대전 패전 후 경제 성장을 이룩한 독일과 일본, 그리고 한국입니다. 나머지 여섯 나라를 압도하는 경제 성장을 한국이 이루었습니다. 인류 역사상 한국의 성장과 같은 기적은 없었습니다. 국가의 주도 아래 모든 국민이 '잘 살아 보세'라는 구호를 내걸고 뭉쳐서 해낸 일입니다. 대대적인 장치 산업을 갖춘 제조업에 우수한 노동력과 과감한 투자가 더해져 수출입국을 실현했습니다. 그런데 여기까지가 우리의 한계입니다. 공업은 더 이상 우리의 성장 동력이 될 수 없습니다. 이제 하드 산업hard industry에서 소프트 산업soft industry으로 넘어가야 합니다.

하드 산업에는 장치가 있어야 하고 노동자가 있어야 하지만, 소프트 산업은 그렇지 않습니다. 하드 산업의 세계 최강은 독일이고, 소프트 산업에서는 이태리가 강합니다. 메르세데스 벤츠와 BMW는 독일에서 만들지만, 더 비싼 차인 포르쉐와 페라리는 이태리에서 만듭니다. 디자인이라는 소프트 산업이 더해졌기 때문에 가능한 일입니다. 저는 한국 사람이 하드 산업보다는 소프트 산업에 더 강하다고 느낍니다. 그런데 우리에게는 공장뿐 시장이 없습니다. 우리가 한번 더 성장하기 위해 도약하려면 소프트 산업에 대한 한국인의 힘을 살려야 합니다.

이건희 회장이 앞으로 10년 뒤를 생각하면 등골이 서늘하다고 했던 것은, 새로운 성장 동력을 만들어 내야 하는데 아직 그 길이 요원하다고 여겼기 때문입니다. 저는 그 성장 동력이 도시 수출, 도시 건설, 도시 경영이라고 생각합니다. 반석유, 비원자력의 자연 에너지를 쓰면서 어떠한 도시보다 경쟁력이 높은 도시를 최소의 원가로 먼저 만들면, 중국과 인도에 10만 도시를 500~1000개 수출할 수 있습니다. 계속적인 성장을 이루어 나가기 위해서는 지금까지 해 온 일은 지속해야 하지만, 동시에 전혀 없던 새로운 것을 만들어 내야 합니다. 하드 산업의 세계화를 이룬 박태준 회장, 이건희 회장, 정몽구 회장 같은 사람들이 소프트 산업에 나타나, 25억 인구의 3분의 1인 8억 인구가 15년 안에 도시화를 이룰 중국과 일본에 한국 특유의 '하드 앤 소프트 산업'의 기적을 일으켜야 합니다.

2장

—

중세 문명의 건축

1500년 전에 시작되어 500년 전에 소멸된 중세 도시는 인간이 지상에 만든 영원의 도시입니다. 그들은 천년 도시를 만들었습니다. 중세 도시의 대부분은 르네상스와 산업혁명, 두 차례에 걸친 세계대전과 지구 공간의 혁명인 현대의 도시화로 인해 사라졌습니다. 파리, 런던, 베이징, 이스탄불의 중세 도시는 폐허의 유적으로만 남아 있습니다. 중세 도시의 모습이 거의 그대로 남은 이탈리아 산 지미냐노, 프랑스 카르카손, 일본 교토, 중국 혼춘珲春에서 전율했습니다.

5세기경 고대 문명 사회가 붕괴되면서 시작된 서양 중세 문명은 천년 동안 융성하다가 15세기 이탈리아 전역에서 르네상스가 꽃피면서 막을 내리기 시작했고, 1492년 콜럼버스의 신대륙 발견과 15세기 중엽 '인쇄술의 발명'과 함께 몰락의 길을 걸었습니다. 그러나 서양 중세 문명의 공간은 유럽 곳곳에 아직 남아 있습니다. 르네상스 이후 유럽이 세계 문명의 표준이 된 것은 중세 문명 최고의 상형문자인 중세 도시가 그들에게 남아 있었기 때문입니다. 중동의 중세 문명은 무함마드Muhammad 이후 아랍 전역과 아프리카, 인도와 인도네시아로 확대되었으나 무함마드 당시의 모습을 지금까지 이어 오지는 못하고 있습니다. 중세 이후 현대까지 중세 문명이 중동의 일상 세계를 이끌어 가지만, 제대로 남은 중세 도시는 모로코의 페스 등 북아프리카 일부입니다. 동양에는 고대 문명과 중세 문명의 가름이 없습니다. 르네상스도 산업혁명도 없었던 까닭입니다. 동양의 중세 도시 가운데 여태까지 원래의 모습을 지니고 있는 도시는 드뭅니다.

중세 문명은 인간과 신이 함께 이룬 문명입니다. 중세 사람들은 어느 누구도 신의 존재를 의심하지 않았습니다. 중세 가톨릭 종교 공동체를 이끌어 온 로마네스크와 고딕 건축 양식은 신의 위대함을 증명한 예술 형식이며, 모스크와 미나레트는 이슬람 도시의 중심 공간이고, 불가佛家의 절과 탑은 동양 중세 도시의 가장 중요한 건축 공간이었습니다. 불교, 유교, 이슬람은 그들 문명의 상형문자인 중세 도시를 남기지 못했으나 기독교는 천 년이 지난 오늘날까지 중세 도시를 남겼습니다.

중세는 암흑 시대가 아니라 빛의 시대이고, 교황의 시대가 아니라 시민의 시대입니다. 유럽 중세 도시는 인류 문명의 꽃입니다. 제 도시 철학의 상당 부분은 고대와 중세 도시로부터 온 것입니다. 유럽 중세 도시는 최소의 에너지 소비를 통해 최고의 삶의 경쟁력을 갖춘 도시입니다. 중세 도시의 코드그린Code Green은 오늘의 인류가 추구해야 할 신도시입니다.

유럽 중세 도시만큼 아름답고 강력한 도시가 중세 초의 불교 도시 경주와 중세 말 최고의 신도시였던 서울입니다. 통일신라 시대의 경주와 중세 도시 사대문안 서울의 재생 계획을 더해 유럽 중세 도시와 비교해 보려 합니다.

르네상스의 근원인 중세 도시를 소개함으로써 1장에서 설명한 '인류 문명의 DNA인 고대 문명'과 3장에서 다룰 '르네상스와 산업혁명의 도시'의 징검다리가 되게 하려 했습니다.

몸과 마음이 하나인 것을 알면 늦은 것입니다. 여의도를 설계하던 30대나 예술의전당을 그리던 40대였으면 정치精緻한 인문강좌를 준비할 수 있었겠으나, 이제는 병든 60대 후반입니다. 그러나 인문강좌로 인해 다시 중세 문명을 공부하게 된 것만도 노년의 복이라 생각합니다.

중세 문명의 건축

고대에는 문명의 발상지였던 동양과 서양과 중동이 크게 다르다고 보기 어려웠지만, 중세로 오면서 저마다 특별한 종교의 세계를 갖기 때문에 다른 색을 띱니다. 중세 문명은 결국 종교 문명의 세계입니다. 서양은 기독교 문명의 세계이고, 중동은 이슬람 문명의 세계입니다. 동양은 인도의 불교와 중국의 유학이 섞여 동양의 중세 문명을 이룹니다.

세 문명에 대해 간략히 설명하고 서양의 중세 도시, 이슬람의 중세 도시 그리고 동양과 한국의 중세 도시에 대해 설명하고자 합니다.

1. 서양의 중세 도시

베니스대학에서 7년 동안 강의할 때 유럽 중세 도시는 대부분 가 보았습니다. 베니스대학은 강의가 일주일에 하루 있습니다. 대개 9시쯤 시작해서 6~7시쯤 끝나니, 하루에 일주일분 강의를 하는 셈입니다. 하루 강의를 하고 남은 6일은 중세 도시를 찾아 다녔습니다. 처음에는 베니스 근처를 돌아보다가 얼마쯤 지난 뒤에는 기차나 비행기를 타고 다녔습니다. 그렇게 4~5년을 돌아보았더니 유럽 중세 도시가 조금씩 보이기 시작했습니다. 서양 문명이 세계를 주도하게 된 이유를 알 것 같았습니다.

칭화대학에 있을 때도 중국의 옛 도시들을 가 보았지만 서양 중세 도시만 한 곳이 없었습니다. 서양 중세 도시들은 농업 혁명으로 이루어졌습니다. 아시아에서는 그만한 농업 혁명이 일어나지 않았습니다. 고대에는 인력과 간단한 쟁기 정도로 농사를 지었습니다. 그런데 중세에 들어와 혁신적인 농업 기계가 등장했습니다. 우리의 경우는 19세기에 등장한 것이 서양에서는 4, 5세기 때 이미 등장한 것입니다. 농업 혁명으로 인해 부가 쌓이고 상업이 발달했습니다. 모든 것을 자급자족하던 고대와 달리, 중세 때는 혁신화된 농업 기술을 바탕으로 특정 작물을 생산해 그것을 다른 도시, 다른 나라와 교환하기 시작했습니다. 그러면서 도시가 생겨난 것입니다.

프리메이슨freemason*의 원조라고 말하는 도시 건설 조직이 유럽 전 지역의 도시를 건설합니다. 유럽 중세 도시는 동시에 건설된 것이 아니라 300년에 걸쳐 이루어졌습니다. 그런데도 서양의 중세 도시들은 거의 다 비슷합니다. 이러한 농업 혁명과 도시 건설이 일어나면서 중세 문명이 자리 잡기 시작했습니다.

고등학교 때, 중세는 암흑 시대이고 르네상스가 그 암흑기를 끝냈

---

* 1717년 중세 석공(石工)들의 길드를 모체로 생긴 단체로, 후에 지식인들의 비밀 결사로 발전한다. 프랑스 혁명, 제2차 세계대전 등 세계 주요 사건의 배후가 프리메이슨이라는 주장이 계속 제기되고 있다.

다고 배웠습니다. 그러나 중세에 르네상스의 모든 요소가 들어 있었습니다. 그 가운데 중요한 요소 하나가 대학입니다. 중세에 현대 문명을 이끌었던 대학들이 나타나기 시작했습니다. 처음에 세워진 대학에서는 학생들이 교수들을 고용했습니다. 따라서 특별한 이유 없이는 교수가 결강을 하지 않았습니다. 최초의 대학인 볼로냐대학도 학생들이 만들었습니다. 그러다가 종교 집단이나 특정 단체가 대학을 만들고 학생들을 뽑았습니다. 이 두 형태가 유럽에서 교차해 나타나는데, 옥스퍼드와 케임브리지가 대표적인 예입니다.

대학이 생겨 지성인들이 집단화되면서 그 안에서 학문이 탄생하고, 특유의 대학 공동체와 예술과 철학이 생겨났습니다. 물론 교회를 중심으로 한 경우가 대부분이었습니다.

중세를 상징하는 사건 가운데 하나는 하인리히 4세가 그레고리우스 7세에게 무릎을 꿇은 '카노사의 굴욕'입니다. 교황이 황제를 파문하고 황제가 교황에게 무릎을 꿇었습니다. 이는 왕권과 신권의 대립과 긴장 관계를 보여주는 사건입니다.

그러한 중세가 막을 내린 것은 국가가 나타나기 시작하면서부터입니다. 중세는 국가라는 느슨한 울타리 안에 거의 자치 정부인 도시들로 이루어져 있었습니다. 독일의 경우 하인리히 4세가 신성로마제국의 황제라고 하나, 실은 각각 독립적이고 자립적인 공국들의 집합이었습니다. 지금과 같은 국가가 나타난 것은 1337년부터 1453년까지 100여 년 동안 계속된 백년전쟁 이후입니다. 그래서 백년전쟁을 중세의 한 단락이라고 봅니다.

세 번째 수술과 방사능 치료를 하고 나니 자주 어지럽고 힘들었습니다. 가까운 분이 스트레스를 받으면 안 된다며 예전에 다녔던 중세 도시들을 다시 가 보라고 권해 10년 전에 다녔던 중세 도시들을 다시 한 번 둘러보자고 생각했습니다. 죽음의 문턱에 다녀온 사람이 보는 중세 도시는 어떨지 궁금했습니다. 그 가운데 먼저 가 보고 싶었던 곳이 이탈리아의 만토바였습니다. 여의도 마스터플랜을 짤 때 책으로만 열심히 공부했던 수상 도시입니다. 다음으로 밀라노 근처의 크레모나와 브레시아에 가 보았습니다. 크레모나는 스트라디바리, 과르네리, 아마티 등 세계적인 악기를 중세부터 지금까지 계속 만들어 온 곳이고, 브레시아는 중세 최고의 무기를 제작하던 도시였습니다. 최고의 예술 기구를 만드는 도시와 최고의 전쟁 기구를 만들던 도시가 바로 이웃해 있었습니다.

그 다음으로는 한반도 대운하가 이슈가 되고 있는 요즘 운하가 무엇인지를 알아보기 위해 미디 운하에 갔습니다. 미디 운하에 가면 중세 도시 50개를 볼 수 있습니다. 각각의 중세 도시가 미디 운하로 연결되기 때문입니다. 미디 운하의 시발점인 프랑스의 툴루즈에는 세계적인 유럽 항공사들이 다 모여 있습니다. 모두 독립되어 있던 중세 도시를 운하를 통한 어반링크urban link(도시 연대)로 살렸기 때문에 그것이 가능했습니다. 중세 도시를 돌아보면서 쓴 글을 2009년 『공간의 상형문자』라는 책으로 펴냈습니다. 원래는 '중세 도시'라는 단행본으로 만들 예정이었는데, 한국의 공간 「루와 정」이라는 글과 함께 엮어 '공간의 상형문자'라는 제목을 붙였습니다. 그 책을 보면 유럽 중세 도시

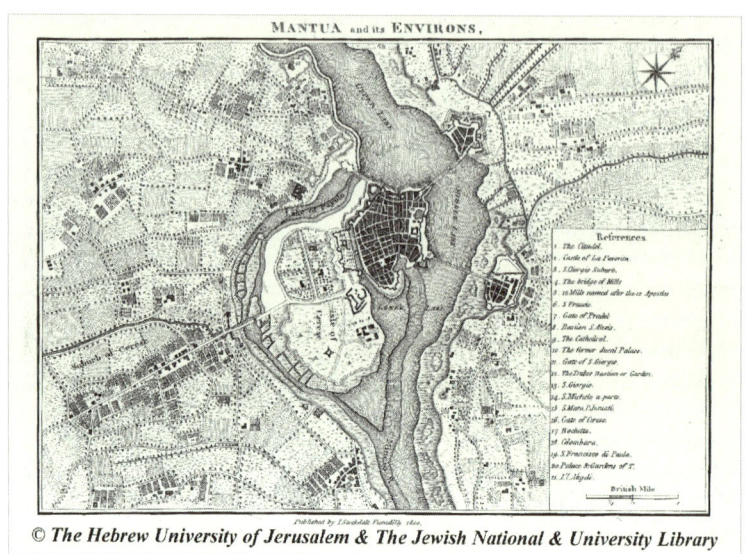

이탈리아 북서부 롬바르디아 주에 있는 도시 만토바

를 어느 정도 아실 수 있을 것이라 생각합니다.

　여의도는 한강 가운데 남측 영등포에 치우쳐 있는 빈 섬에 도시를 만든 것입니다. 만토바도 그런 도시였기 때문에 관심이 많았습니다. 건축물도 대단할 뿐만 아니라 로마의 위대한 시인 베르길리우스가 태어난 곳이며, 이탈리아 르네상스의 최대 이론가인 레온 바티스타 알베르티Leon Battista Alberti(1404~1472)의 고향이기도 합니다. 조르조 바사리가 『알베르티 전기』 맨 앞에 쓴 말이 충격적이었습니다.
　"이 사람은 모르는 것이 없다."
　미켈란젤로와 라파엘로는 위대한 작가지만, 알베르티와 레오나르도 다빈치는 위대한 학자이며 작가였습니다. 우리는 르네상스인이라고 하면 레오나르도 다빈치를 먼저 생각하지만, 이탈리아 사람은 알베르티를 떠올립니다. 레오나르도 다빈치는 당시에는 알베르티의 명성에 미치지 못했습니다.

알베르티의 건물들은 모두 르네상스의 대표작이라고 하지만 제가 좋아하는 건물은 하나도 없습니다. 저는 알베르티가 학자로서는 최고지만 건축가로서는 최고라고 생각하지 않습니다. 알베르티의 대표작 산탄드레아 대성당은 만토바 최고의 자리인 에르베 광장에 있습니다만, 저에게는 별로 와 닿지 않았습니다.

만토바에 갔을 때, 그때껏 알지 못했던 최고의 화가 안드레아 만테냐Andrea Mantegna(1431~1506)를 만났습니다. 서양 중세를 이해하려면 프레스코화를 아는 것이 중요합니다. 프레스코화는 새로 석회를 바른 벽에, 그것이 채 마르기 전에 그립니다. 벽에 단순히 덧칠을 한 것이 아니라 스며들게 한 그림입니다. 이처럼 프레스코화는 빨리 그려야 하기 때문에 엄청난 노동력이 들고 집중적인 시간을 투입해야 합니다. 위대한 건물에 있는 그림들은 모두 프레스코화입니다. 단 하나의 예외가 〈최후의 만찬〉입니다. 〈최후의 만찬〉은 프레스코로 하지 않아 많이 훼손되었습니다. 레오나르도 다빈치는 프레스코화를 좋아하지 않았습니다.

프레스코화 가운데 가장 위대한 그림은 만토바의 공작궁 신혼의 방에 그린 만테냐의 작품 〈The Court of Mantua〉가 아닌가 생각합니다. 실제 크기로 보면 정말 대단합니다. 만토바 공작의 부인인 이사

⟨The Court of Mantua⟩, 1474년

벨라 데스테가 그리게 한 것입니다. 그녀는 레오나르도 다빈치에게도 초상화를 부탁했지만 끝내 그리지 않아 스케치만 남아 있습니다.

신혼의 방에서 그림과 집은 하나입니다. 유통을 목적으로 그린 그림과 달리 공간과 미술이 하나가 되는 특별한 경우입니다.

크레모나는 대표적인 중세 도시입니다. 크레모나에 있는 대성당은 세상에서 가장 아름다운 로마네스크 성당입니다. 스트라디바리와 과르네리와 아마티가 전시된 악기박물관 옆에 있습니다.

브레시아는 크레모나와의 악기 생산 경쟁에서 실패한 뒤 무기를 제조하는 도시로 바뀌었습니다. 『갈리아 전기』를 보면, 고대에는 서로

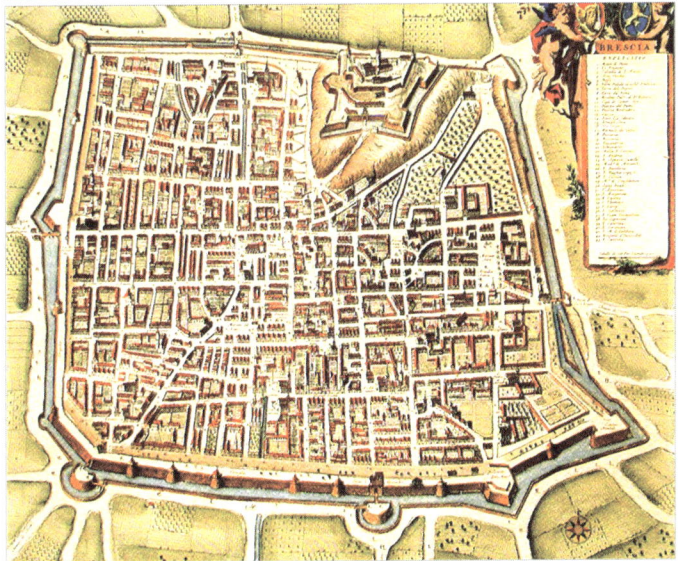

크레모나 대성당(위)과 브레시아 고지도(아래)

앙리 드 툴루즈 로트레크

죽고 죽이지만 중세에는 용병을 고용해서 싸우게 합니다. 용병 대장들이 싸워서 결판을 냈습니다. 그때 용병 한 사람 한 사람의 병장기兵仗器는 엄청났습니다. 이러한 용병이 사용하던 최고의 무기를 브레시아가 만들었습니다. 모든 것을 막을 수 있는 방패와 모든 것을 뚫을 수 있는 창을 만든 것입니다. 무겁긴 하지만 자유자재로 움직일 수 있었습니다. 인간의 혼을 흔드는 악기를 만드는 도시 크레모나와 살생이 목적인 무기를 만드는 도시 브레시아가 바로 옆에 붙어 있습니다.

툴루즈에서 보고자 했던 것은 가론 강과 미디 운하입니다. 강 위에 배를 띄운다고 운하가 되는 것은 아닙니다. 허드슨 강에 배를 띄운다고 허드슨 강이 운하가 되지는 않습니다. 운하는 운하고 강은 강입니다. 인간이 만든 수로가 운하고, 신과 자연이 만든 것이 강입니다.

툴루즈를 익숙히 아는 곳이라고 생각하는 것은 툴루즈 로트레크Henri de Toulouse Lautrec(1864~1901) 때문입니다. 툴루즈 가문과 로트레크 가문이 결혼해서 툴루즈 로트레크가 탄생합니다. 부계는 툴루즈 바로 옆의 알비에 있었고, 툴루즈는 외가 쪽입니다. 툴루즈 로트레크는 유명한 홍

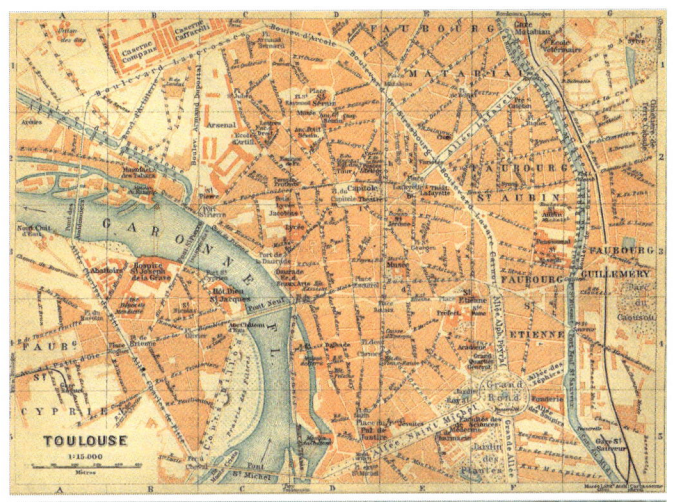

툴루즈 고지도(1913)(위)와 〈At The Moulin Rouge〉, 툴루즈 로트레크, 1892년(아래)

미디 운하

등가인 물랭루즈에서 서른여섯 살까지 살다시피 하였습니다. 이 사람 때문에 툴루즈가 세계인의 도시가 되었습니다. 바로 이곳에서 미디 운하가 시작됩니다. 보르도 강은 툴루즈까지 흘러 들어옵니다. 툴루즈에 들어오는 보르도 강변에 세계에서 가장 유명한 포도밭들이 있고, 이곳에서 대부분의 프랑스 와인이 생산됩니다. 툴루즈까지 온 보르도 강은 피레네 산맥에 가로막혀 다시 대서양으로 돌아갑니다. 그래서 대서양과 지중해가 연결되지 못했습니다. 피에르 폴 리케Pierre-Paul Riquet(1604~1680)가 미디 운하를 파서 툴루즈부터 대서양과 지중해를 연결합니다. 에펠 탑을 세운 에펠이 토목기술자이고 사업가이며 공학적 예술가가 된 것은 미디 운하를 만든 리케에게서 받은 영향이 큽니다.

나폴레옹이 프랑스를 장악했을 때 최고의 전리품으로 본 것이 미디 운하였습니다. 미디 운하는 소금배들이 지나다니는 자그마한 수로입니다. 미디 운하의 가장 큰 역할은 중세 도시들을 서로 연결해서 어반 네트워크를 형성하게 만든 것입니다.

그러나 우리에게는 미디 운하같이 마을과 마을을 연결하는 수로가 없어서 도시는 현대화를 쉽게 이루었지만 농촌은 무너진 것입니다. 농촌이 살아 있지 않은 나라는 부강한 나라가 아닙니다. 이탈리아는 물론 일본, 프랑스, 영국 등 부강한 나라들은 모두 농촌이 강합니다. 우리나라는 농촌을 구제해야 할 대상이라고 생각합니다. 농촌을 살리는 일이 4대강 사업이 되어야 합니다.

오래 산다고 그 도시를 아는 것은 아닙니다. 대중교통을 이용해서 특정한 장소만 다니면 그 도시에 대해 알기 어렵습니다. 그래서 저는 사대문안 서울을 걷는 도시로 만들어야 한다고 생각합니다. 사대문안에는 종로구, 동대문구, 중구 등이 따로 있습니다. 런던에 런던특별구가 있듯이 사대문안에도 특구를 만들어야 합니다. 베니스는 한없이 걸어 다녀야 하는 도시입니다. 베니스를 걸으면 걸을수록 걷는 도시 서울을 만들어야 한다고 느꼈습니다.

그 유명한 산마르코 광장은 한 세기 동안 지어졌습니다. 산마르코 광장에 우뚝 솟아 있는 산마르코 성당은 두 명의 상인이 『마가복음』의 저자인 성 마르코의 유해를 가지고 왔던 7세기에 납골당으로 세워진 것입니다. 무함마드가 이슬람을 시작할 때입니다. 나폴레옹은 이곳에 왔다가 이 아름다운 도시에 흔적을 남겨야겠다고 생각해, 자코포 산소비노Jacopo Sansovino(1486~1570)가 산마르코 성당 건너편에 설계한 건물을 헐고 나폴레옹 윙을 만들었습니다.

산마르코 성당의 탑이 무너지는 광경이 사진으로 남아 있습니다. 1950년대 어느 순간에 무너져 내리는 것을 지나가던 사람이 찍었다고 합니다. 그 뒤 무너진 탑을 그대로 복원해 놓았습니다. 그래서 이 탑이 최신 건물이라고 말합니다.

베니스의 그랑카날레Grand Canal(대운하)에 최초로 생긴 다리가 리알토 다리입니다. 크게 두 개의 군으로 나누어진 베니스를 연결하는 리알토 다리를 건설할 당시 최고의 현상 설계가 진행되었습니다. 미켈란젤로와 팔라디오도 참가했습니다. 그런데 안토니오 다 폰테Antonio da Ponte(1512~1595)라는 스물여덟 살의 젊은 건축가가 낸 안이 당선되

산마르코 성당(위)과 리알토 다리(아래)

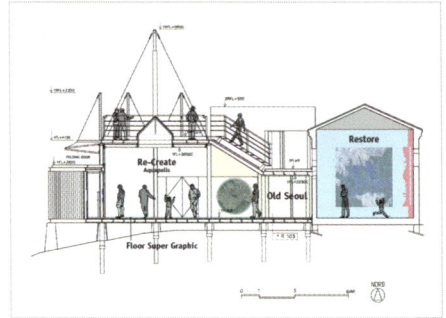

베니스비엔날레 한국관

었습니다. 그 안 그대로 그랑카날레의 게이트를 상징하면서 두 개의 섬을 연결한 다리가 건설되었고, 그 다리 위에는 여러 상점이 있고 다리를 건너면 시장으로 이어져 도시의 연속성이 유지되도록 했습니다.

　베니스비엔날레는 창설 100년이 되던 해까지 24개의 국가관을 유치하고 있었습니다. 마지막 국가관을 세우는 데 17개국이 경쟁했고, 아르헨티나와 중국이 최종 후보로 남아 있었습니다. 그런데 우리가 한국관 안을 제출하고 2년에 걸쳐 승인을 받아 냈습니다. 그때 제안했던 것이 투명한 관을 만들겠다는 것이었습니다. 스물네 번째 오스트리아관은 항상 이동할 수 있도록 바퀴가 달려 있습니다. 중앙에는 G3관이 있고, 일본관과 독일관 사이에는 공동 화장실을 두었다가 철거해 비어 있었습니다. 그 자리에 없는 듯 있는 투명한 관을 만들겠다고 했습니다. 승인을 받으려고 심사위원들에게 설명할 때, 창덕궁의 애련정을 보여주었습니다. 애련정으로 인해 창덕궁과 자연이 더 아름다워졌다고 설명했습니다. 각 국가관이 세워진 자르디니 공원에 한국관이 들어선다면 자르디니 공원이 더욱 커질 것이라고 했습니다.

2. 이슬람 중세 도시

무함마드Muhammad(570~632)가 신의 계시를 받은 것이 이슬람 문명의 시작입니다. 무함마드는 글을 쓸 줄도 모르고 읽지도 못하는 사람이었기 때문에 충격적인 신의 계시를 받자 그 계시를 암송했습니다. 지금도 이슬람에서는 그때 무함마드가 받았던 신의 계시를 모든 사람이 한 자도 틀리지 않고 암송합니다. 그리하여 이슬람이 16억 신도를 가진 세계 최대의 종교 공동체로 성장한 것입니다. 하루에 다섯 번 이슬람 사원에 가고, 그러지 못할 경우에는 자기 방에서 메카를 향해 기도합니다. 무함마드는 7세기 초에 이슬람을 완성시켰습니다.

이슬람에서는 그리스도를 인정합니다. 이슬람교도(모슬렘)들은 기독교를 배척하지 않습니다. 쿠란에 이런 말이 있습니다.

"마리아의 아들 그리스도는 참으로 위대한 알라의 소명을 받은 사람이다. 그는 물 위를 걷고, 모든 사람에게 사랑을 가르친다."

위대한 존재로 인정하지만 신은 아니라는 것입니다. 영혼이 완전하기를 꿈꾸는 보통 인간이라고 선언합니다. 누구도 무함마드의 얼굴을 그림으로조차 본 적이 없을 것입니다.

1975년 쿠웨이트 신도시 현상 설계를 할 때, 한글로 번역된 것이 없어 영어로 쿠란을 읽었습니다. 그러나 이슬람교도들은 "번역된 쿠란은 있을 수 없다"는 말을 합니다. 무함마드가 천사 가브리엘을 통해 아랍어로 들은 것을 그대로 암송한 것만이 쿠란이라는 것입니다. 지금은 우리나라에도 번역본이 나와 있습니다. 저도 언젠가 이슬람어를 배워서 쿠란을 읽었으면 하는 소망이 있습니다.

아덴 신도시를 설계할 때, 회의 도중에 모든 사람이 바깥으로 나가 손을 씻고 기도하는 모습을 보았습니다. 어느 상황에서도 예외가 없습니다. 진지한 사람도 있고 관습적으로 하는 사람도 있지만, 매일 기도를 합니다. 모두가 이 세상에서 가장 위대한 경전이라고 믿는 쿠란을 암송합니다. 우리나라의 인문학자보다 쿠란을 다 외우는 이슬람의 16억 인구가 더 철학적일지도 모릅니다. 이슬람 사회의 위대함이자 그들의 진면목입니다. 그러나 이슬람은 그러한 생각 능력, 무한한 상상력의 보고를 도시라는 하드웨어로 만들지 못했습니다. 그 이유는 원래부터 이슬람 국가였던 나라들이 유럽 근대 국가에게 패망하고 철저하게 식민화되는 가운데 도시화의 길을 잃었기 때문입니다.

    이슬람은 7세기부터 확대되어 근접 국가들로 퍼져 나갔습니다. 그러나 에스파냐를 거쳐 프랑스로 진출하던 도중 샤를마뉴 대제Charlemagne (742~814)에게 막혔습니다. 그렇지 않았다면 거의 모든 유럽에 전파되었을 것입니다. 아프리카 대륙의 대부분이 이슬람교도입니다. 이번에 문제가 된 위구르의 중국인들도 이슬람교도입니다.

    이스라엘이 건국되면서 문제가 생겼습니다. 구약성서에 나왔다는 사실을 근거로 이슬람 세계의 중심부에 미국 세력의 핵심을 심어 놓았습니다. 아프리카와 중동 한복판에 기독교 국가를 세운 것입니다. 미국과 영국이 우리가 중동을 제대로 이해하지 못하게 함으로써 석유 자원을 제어하려는 하나의 수단이라고 생각합니다. 러시아를 제외한 대부분의 이슬람 국가에서는 석유가 나옵니다. 쿠웨이트는 석유가 나오면 국부펀드로 적립하는데, 그 펀드가 세계 경제를 주도합니다.

    석유를 대체할 에너지를 찾는 것은 현실적으로 불가능합니다. 바이오 에너지나 태양 에너지를 말하지만, 우리가 소모하는 에너지의 10퍼센트도 감당하지 못할 것입니다. 바이오 에너지는 결국 농산물을 에너지화한다는 것입니다. 그것은 석유 가격이 100~150달러일 때 가능한 일입니다. 실제로 태양이 만들어 낸 식물들만 먹는다면 전 세계의 식량 문제는 가볍게 해결될 것입니다.

    제가 보기에 이슬람의 석유 자원에 대한 서구 사회의 대응 때문에 일어난 여러 세계 지배 문제가 있습니다. 우리가 이슬람을 제대로 이해하기 위해서는 미국 방송을 들을 것이 아니라 쿠란을 읽어야 합니다.

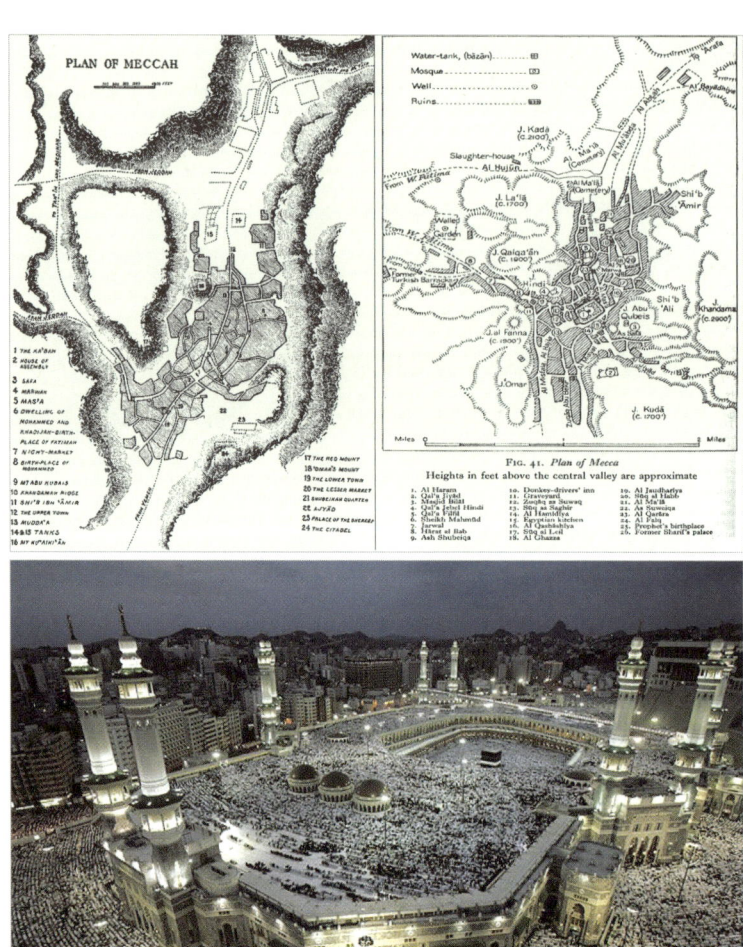

메카 고지도(위)와 이슬람교도들의 영원한 상징인 메카의 카바 신전(아래)

모든 이슬람교도의 영원한 상징은 메카입니다. 이슬람 사람들은 시간에 맞추어 메카를 향해 기도합니다. 해마다 카바 신전 외곽을 670킬로그램 정도 되는 완전한 실크로 씌우고 금과 은으로 쿠란을 써 넣습니다. 그런 다음에 조각을 내서 각자가 가져갑니다. 그것은 가장 귀중한 보물입니다. 사우디아라비아는 석유가 나지 않아도 살 수 있다는 말이 있습니다. 전 세계 16억의 이슬람교도가 평생에 한 번은 사우디아라비아 메카에 있는 카바 신전을 꼭 방문해야 하기 때문입니다. 정신적인 관광 사업으로 큰 뜻이 있습니다.

비잔틴 제국, 오스만 제국의 수도였던 콘스탄티노플은 이스탄불의 옛 이름으로, 콘스탄티누스 대제Flavius Valerius Aurelius Constan-tinus(272~337)가 직접 설계한 도시입니다. 그 당시에 관한 내용을 영국의 역사가인 에드워드 기번이 『로마제국 쇠망사』에서 다루었습니다. 콘스탄티누스 대제는 로마 사람이 아니라 게르만 사람입니다. 서로마 제국보다 동로마 제국(비잔틴 제국)을 더 선호했을 수도 있습니다. 우리에게는 익숙하지 않지만 서유럽 문명보다 700~800년은 앞선 문명인 비잔틴 문명이 바로 콘스탄티노플에서 피어났습니다. 서유럽이 르네상스와 산업혁명 이후 압도적인 기세로 성장하고 신대륙 발견이라는 이름 아래 아메리카 대륙을 침략한 뒤 동방 세계가 무너지긴 했지만, 그 당시의 여러 유적은 지금까지 남아 있습니다.

콘스탄티노플 고지도에 보이는 성벽은 콘스탄티누스 대제가 쌓은 것입니다. 성벽 바깥으로 성채를 세우면서 비잔틴 문명이 확대되었습

콘스탄티노플 고지도(위)와 이슬람의 도시(아래)

1. 아야소피아
2. 아야소피아 내부
3. 블루모스크

니다. 기독교를 국교로 공인한 콘스탄티노플이 이슬람교도의 도시가 될 때까지 계속 확대된 것입니다. 보스포루스 해협을 통해 유라시아가 전 세계로 연결되는 곳이기 때문에 매우 중요한 지역이었습니다.

성벽 안에 있는 아야소피아(성소피아 성당)는 세계에서 손꼽히는 위대한 건축물 가운데 하나입니다. 아야소피아를 흉내 내고자 지은 블루모스크에는 혼을 흔드는 것이 없습니다. 위대한 작품과 그렇지 않은 것의 차이는 사람의 혼을 흔들어 놓느냐 아니냐 하는 데 있습니다. 블루모스크는 당대 최고의 수재가 국가의 지원을 받아서 지은 사원이

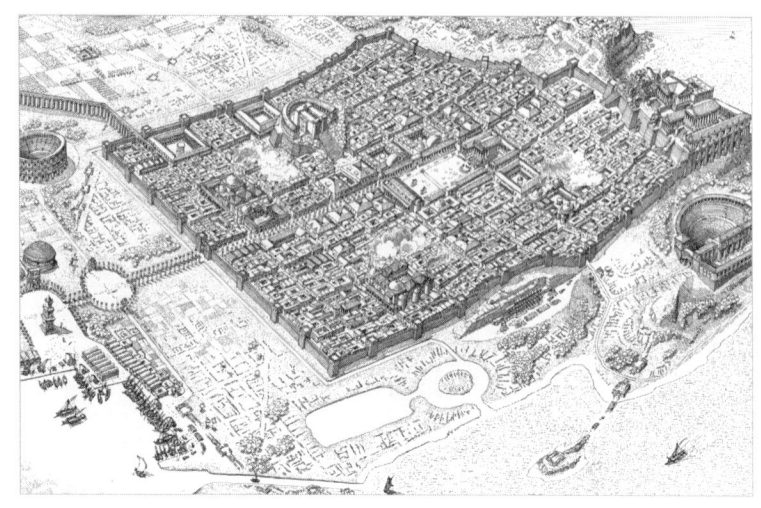
아프리카에 있는 이슬람 도시

고, 아야소피아는 500년에 한 번쯤 나오는 천재가 세운 것입니다. 아야소피아 재건을 지시한 유스티니아누스 황제가 드디어 솔로몬을 이겼다고 할 정도였습니다.

구텐베르크 이전에는 성서를 대할 수 있는 길이 없었기 때문에 사람들은 종교 예술을 통해서 성서를 접했습니다. 아야소피아 안에 들어서면 이 세상 외에 또 다른 세상이 있다는 것을 느끼고, 창조자가 있다는 것을 느끼게 됩니다.

이슬람 사람들이 콘스탄티노플을 정복했을 때도 아야소피아는 훼손하지 않았습니다. 미나레트(첨탑) 네 개만 추가하고 나머지는 그대로 사용했습니다. 500년 동안 지속되었던 기독교 최고의 성전이 이슬람 최고의 성전으로 바뀐 것입니다.

올드사나의 성문

사막의 맨해튼 시밤

　아프리카에 이슬람 도시가 많습니다. 이슬람 사람들은 아프리카에 이슬람교를 전파시켜 아프리카 사람들을 문명에 눈뜨게 하고, 이슬람 도시로 만들었습니다.

　예멘의 수도 사나에 가면 천 년 전의 도시를 만날 수 있습니다. 폐허의 도시로 남은 것이 아니라, 사람들이 500년 전과 똑같은 음식을 먹고 옷을 입으며 살고 있습니다. 올드사나의 성문 안에 들어서면 그들의 삶이 그대로 남아 있습니다.

아덴 고지도(위)
아라비아 반도 홍해 입구에
위치한 예멘(아래)

 사막의 맨해튼이라고 불리는 시밤에는 500년 전 세계 최초로 벽돌을 이용해서 지은 12층짜리 아파트가 있었습니다.

 예멘은 아라비아의 천국이라고 불리던 곳입니다. 그러나 남예멘과 북예멘으로 분리되었다가 1990년에 통일되었지만, 북예멘은 자본주의화되고 남예멘은 쿠바보다 지독해 북한과 버금가는 수준으로 공산

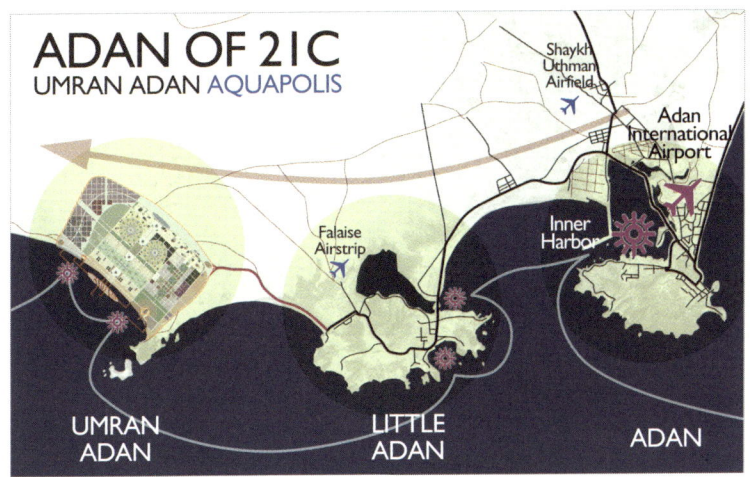

아덴, 리틀 아덴과 나란히 아덴 만에 면하는 곳에 위치한 아덴 신도시

화되어 있습니다. 사나보다 더 오래된 남예멘의 도시 아덴은 한때 리버풀, 뉴욕 다음으로 큰 항구였습니다. 아시아에서 유럽으로 가는 대부분의 항로가 아덴 앞을 지나 수에즈 운하로 빠져나갔기 때문에 최고의 전략적 요충지였습니다. 남예멘이 공산화되면서 철저하게 원론적인 공산주의자들이 점령해 아덴은 거의 멸망한 도시가 되었습니다. 이 일대는 본래 중요한 장소고, 우리 남북 문제에도 큰 시사가 될 것이라고 생각해 관심을 가지고 있었습니다. 그러던 중 남예멘의 아덴 신도시 설계를 부탁받아 계획을 세우게 되었습니다.

아덴 신도시는 인도양이 홍해를 지나 지중해로 나가는 길입니다. 세계 최대의 유전이 모두 모여 있고, 원유의 대부분이 걸프와 호르무즈 해협을 통해 나갑니다. 제가 제안한 것은 가장 큰 유전인 리야드에

아덴 신도시 마스터플랜(위)과 조감도(아래)

서 아덴까지 송유관을 설치하고, 그것을 통해 석유를 내보내 그곳이 아덴 신도시가 되게 하자는 안이었습니다.

도시를 만드는 능력은 현재 우리가 세계 최고입니다. 이슬람 사람들이 아프리카에 이슬람 도시를 만들었듯이, 이슬람의 도시들을 우리가 설계해야 합니다. 그러기에는 아덴이 최고의 자리라고 생각합니다.

국제 테러조직 알카에다를 이끌고 있던 오사마 빈 라덴의 형이 건설 계획 중인 다리가 있습니다. 아프리카와 중동을 연결하는 다리입니다. 중동의 게이트 아덴을 영국이 점령하고, 아프리카의 게이트 지부티는 프랑스가 점령했습니다. 지부티를 통하지 않고는 아프리카로 들어갈 수가 없습니다. 지부티 아래에 해적이 잘 나타나는 소말리아가 있습니다. 해적은 가장 목이 좋은 곳에 나타납니다. 유럽으로 가려면 모든 배가 그 앞을 지나야 합니다. 그런 지부티가 독립한 후에 오히려 경제적으로 정체되어 경제 번영의 방안으로 신수도를 기획했고, 우리가 그 도시를 건설하는 기회를 갖게 된 것입니다. 세계 금융 위기만 아니었으면 한창 설계하고 있을 프로젝트입니다.

프랑스 보르도에서는 포도를 수출하지 않습니다. 석유도 원유가 아닌 정제한 제품으로 만들어서 팔아야 합니다. 그런 도시로 아덴 신도시를 제안한 것입니다.

3. 동양의 중세 도시

나폴레옹의 모스크바 침공이 실패한 이유는 싸우다 퇴각하거나 전략적으로 문제가 있었던 것이 아니라, 모스크바에 큰 불이 났기 때문입니다. 나폴레옹과 프랑스군은 러시아를 침공한 지 4개월여 만에 모스크바에 도착했습니다. 그러나 모스크바는 텅 비어 있었고, 그날 저녁 화재가 일어나 모스크바 곳곳에 불길이 번지기 시작했습니다. 프랑스군이 진화 작업을 폈으나 불길은 더욱 거세게 타올랐습니다. 나폴레옹은 체면 때문에 모스크바에서 버티다 1개월 만에 퇴각을 결정했습니다. 퇴각하던 프랑스군은 베레지나 강에서 러시아군에게 기습공격을 당해 대패함으로써 나폴레옹의 러시아 원정은 철저한 실패로 끝났습니다.

    모스크바 대화재의 원인에 대해서는 여러 추측이 있지만, 가장 힘을 얻고 있는 것은 프랑스 병사들이 식량을 약탈하기 위해 민가를 습격했을 때 두고 온 등불의 불이 옮겨 붙었다는 주장입니다. 추적해 들어가면 수많은 우연과 우연이 쌓여서 역사를 만듭니다. 지나고 나면 많은 가능성들의 집합이지만, 당시에는 뛰어난 몇몇 인간에 의해서 역사가 이루어집니다. 중국을 만든 수문제隋文帝(541~604)가 없었다면 중국의 중세는 지금과 같은 양상이 아니었을 것입니다.

    시황제始皇帝(B.C. 259~B.C. 210)가 처음으로 천하를 통일해 진秦 제국을 건설했지만, 시황제가 죽은 뒤 반란이 일어나 진 제국은 18년 만에 무너지고 말았습니다. 그 후 한고조漢高祖 유방劉邦에 의해 기원전 2세기에 천하 통일을 이루었습니다. 그때가 중국의 고대 시대입니다. 그 뒤로 300년 동안 중국은 완전한 혼란에 빠졌습니다. 여러 개의 작은 나라로 나누어져 끊임없이 전쟁을 일삼았기에 문명이라고 할 만한 것이 없습니다.

다시 천하를 통일해 지금의 중국까지 오게 한 것이 수문제입니다. 수문제의 아버지는 변방의 제후였습니다. 수문제가 한 일 가운데 가장 감동했던 일이 지금 대대적인 복원을 하고 있는 중국 대운하입니다. 중국의 북쪽에는 물이 없지만 남쪽에는 물이 남습니다. 남쪽과 북쪽을 연결해 운하를 만들면 최고의 수송로가 됩니다. 얼지 않았을 때는 수로로 쓰고, 얼면 그 위로 밀고 갑니다. 자금성을 지은 자재들이 운하를 통해 운송되었습니다.

수문제는 대운하를 만들었을 뿐만 아니라 당태종唐太宗이 제왕의 자리(정관 연간)에 있을 때 말한 모든 율령의 틀을 만들었습니다. 중국의 2500년 역사 가운데 가장 화려했던 당송 문화를 이룬 사람이 바로 수문제입니다. 수문제의 아들 수양제가 을지문덕에게 당한 일이 있어 우리는 그를 대수롭지 않게 생각하지만, 수문제야말로 이슬람 문명의 무함마드나 프랑크 제국의 샤를마뉴 대제 못지않게 큰 사람입니다.

시안西安은 당나라의 수도였습니다. 당시 당나라에서 유학의 근본 원리는 '사서삼경'이었습니다. 그 가르침 가운데 『주역』이나 『논어』나 『맹자』 모두에 인간 집합의 논리가 있습니다.

불교는 집단보다 개인의 형이상학을 이야기합니다. 기독교에서는 한 사람보다는 공동체를 이야기합니다. 그런데 유학에서는 개인의 깨달음과 공동체의 깨달음의 공존을 이야기합니다. 그것이 질서로 나타나는데, 위계질서가 아닌 인仁과 예禮로 이루어진 질서입니다. 그것이 대표하는 것이 삼강오륜三綱五倫입니다. 아주 쉽고 단순 명료한 경구들을 통해, 또 어떤 경우에는 아주 깊은 철학적 논의를 통해서 집단의 형이상학을 이야기합니다. 이 모든 유교의 원리가 형상화된 곳이 시안입니다. 부모와 자식, 군주와 신하, 남편과 아내, 윗사람과 아랫사람, 친구와 친구 사이를 포함하는 가정에서의 질서와 마을에서의 질서가 도시로 구성되었습니다.

또한 시안의 시장은 동시와 서시로 나뉘어 각각 내국 시장과 세계와 교류하는 시장의 역할을 담당했습니다. 중국이 세계를 받아들이고 함께 생활한 최초의 도시였습니다.

수문제는 시안을 만들 때 기본적인 설계부터 시작해 모든 것을 일일이 직접 구상했습니다. 시안은 유학 도시의 기본 틀이 되어 경주와 교토의 모델이었습니다. 참으로 위대한 유학의 도시를 설계했다고 생각합니다. 현재의 시안은 성벽으로 둘러싸인 영역만 남아 있고, 나머지는 모두 파괴되었습니다.

시안 옆에는 바그다드가 있습니다. 당시 서양에서 가장 큰 도시였습니다. 바그다드는 아무것도 없는 사막에 지어진 인구 백만의 원형 도시입니다. 최소한의 성벽으로 최대의 면적을 얻는 것이 원입니다.

불교는 도시 형식이 아니라 사원 건축을 통해 중국에 강력한 영향을 미쳤습니다. 고대 중국의 건축이 불교의 강력한 정신적인 세례를 받아서 지금의 중국 건축이 되었다고 볼 수 있습니다.

중국에는 이 세상 어디에도 없는 특별한 종교인 도교가 있습니다. 충칭대학에서 강의할 때, 교수들과 많이 친해지자 아무에게도 보여주지 않은 곳에 한번 가 보자고 하길래 따라갔습니다. 그곳은 칭청산靑

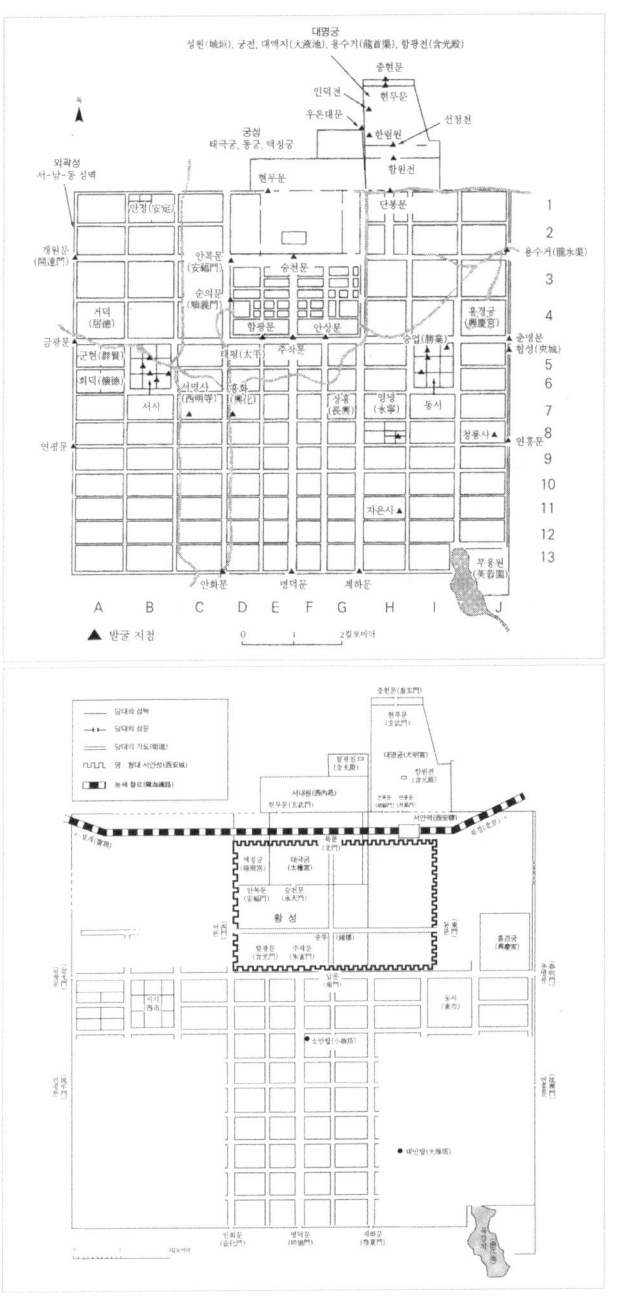

시안의 원래 모습(위)과 현재 모습(아래)

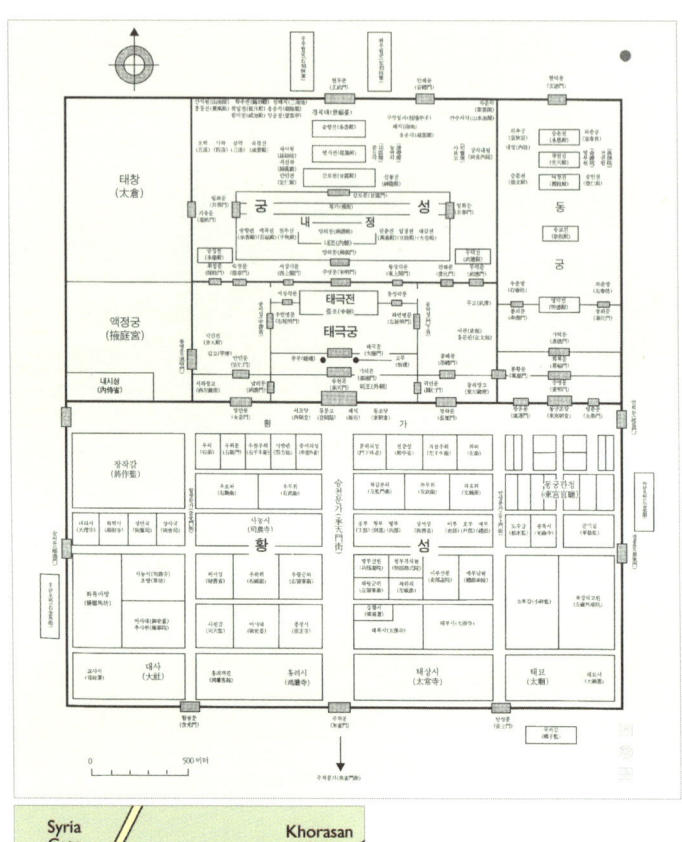

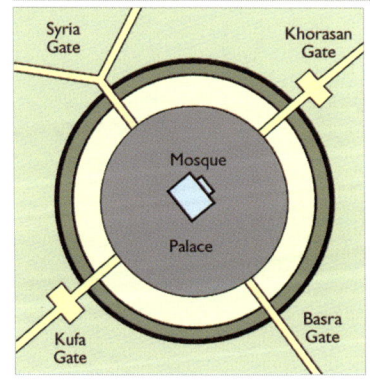

자금성과 경복궁의 모델이 된 시안의 궁(위)
바그다드(아래)

城山의 도교 사원 입구였습니다. 칭칭산은 중국 도교의 본산이라고 할 수 있습니다.

사원에는 보통 사람들이 들어가는 곳 200미터 위에 문이 또 있었습니다. 함께 간 사람들은 저 안에 들어가 보겠냐고 묻더니, 지금까지 그 문을 넘어서 나온 사람이 한 명도 없다고 했습니다. 그곳이 바로 도교의 성전입니다. 그런 도교의 성전에 들어가면 누구나 현세 삶의 무상을 알게 되어 다시 돌아오지 않는다는 전설이 있답니다. 그 일이 있은 이후 『노자』를 읽을 때면 칭칭산 입구가 생각났습니다.

도교가 형상으로 나타난 것이 중국의 정원입니다. 쑤저우의 정원들은 도교를 형상 어휘로 만든 것입니다. 중국의 중세는 청나라까지 진행되었습니다. 서양과 같이 14~15세기의 르네상스, 17~18세기의 산업혁명을 거치면서 중세가 문명에서 퇴장하는 것이 아니라, 19세기까지 지속된 것입니다. 중세의 정원을 구한 것이 태평천국의 난이 아니었나 생각합니다.

우리에게 천년의 도시는 경주밖에 없습니다. 그 당시 통일신라는 지금 못지않게 문화적으로 성숙하고 경제적으로도 번영했습니다. 왕건은 후삼국을 통일해서 고려를 이룬 뒤 수도를 개성으로 옮겼습니다. 그때 경주에 있던 중요 건물을 개성으로 가져갔습니다. 목조 도시는 이동이 가능합니다. 경주는 고려 때 철저하게 파괴되기 시작해 조선 시대에 아주 없어졌습니다. 이후의 경주는 일제 시대에 만들어진 구역입니다. 경주를 복원해 지금 우리가 잘살 수 있는 연원淵源이 있다

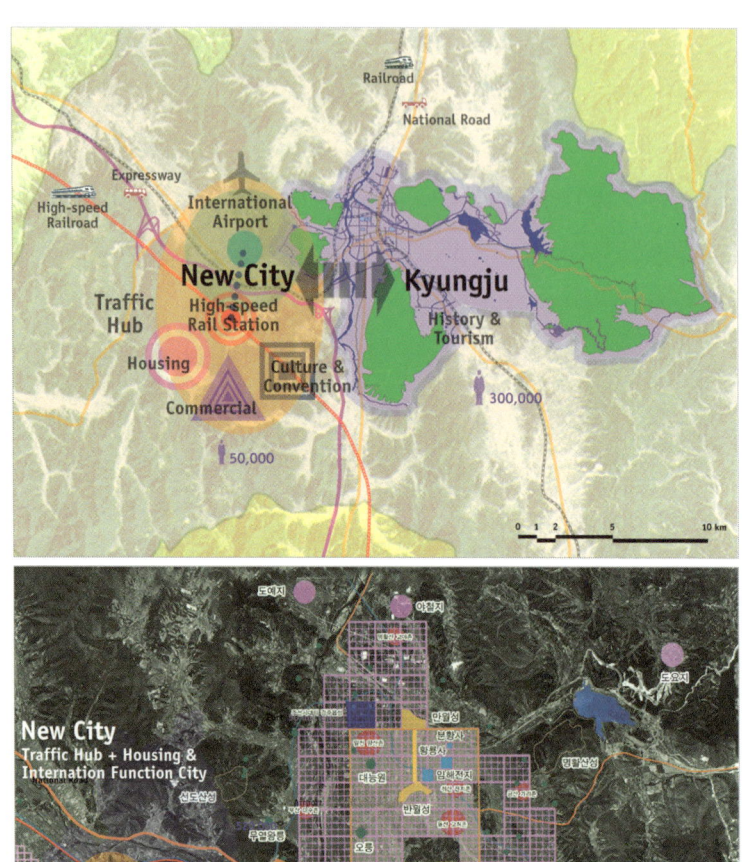

경주 지도(위)와 옛 경주를 복원한 지도(아래)

는 것을 역사적인 실재로 보여야 합니다.

　일본을 이해하기 위해서는 이세신궁伊勢神宮와 가쓰라리큐桂離宮라는 공간에 대해 알아야 합니다. 일본 혼슈本州 미에현三重縣 동부 이세伊勢에 있는 이세신궁은 2000년 동안 똑같은 모습이었습니다. 이세신궁은 20년에 한 번씩 새로 짓습니다. 200년이 된 나무를 베어 사용하고, 또 200년 후에 사용할 나무를 심습니다. 원래의 건물 바로 옆에 같은 건물을 새로 짓고, 그것이 완성되면 기존의 건물을 철거합니다. 그런 의식을 통해 인간의 존재와 시간을 이야기합니다. 하나의 인간은 제한적인 삶을 살 수밖에 없지만, 인간 집단의 삶과 DNA는 끊임없이 반복됩니다. 인간은 유한하지만 영원합니다. '영원한 반복 속의 영원한 현재'가 인간과 시간에 대한 일본인들의 기본적인 견해이며 이세신궁의 정신입니다.

　교토 서쪽 외곽에 있는 일본 황족의 별장 가쓰라리큐의 의미는 '자연을 아름답게 만들면 인간의 영혼에 닿을 수 있다'는 것입니다. 변화무쌍한 자연도 가쓰라리큐에서는 시간이 정지된 것처럼 느껴집니다. 순간 속에서 영원을 꿈꾸며 공간의 영원함을 이야기합니다. 이것이 시간과 공간에 대한 일본인의 인식입니다.

　그런데 우리 종묘는 처음에 지은 것에 계속 덧지었습니다. 그러면서 커지는 건물에 따라 중앙을 맞추기 위해 계단의 위치를 계속 이동시켰습니다. 현재의 영원함과 인간 존재의 한시적인 삶의 영원 회귀를 꿈꾸는 일본인들과는 달리, 한국인들에게는 모든 것의 중심이 현

이세신궁(위)과 가쓰라리큐(아래)

재입니다. 현재에 대한 지나친 집착이 과거를 이용하게 하고, 미래에 대해 지나친 욕망을 품게 합니다. 그런데 이것이 장점이 될 수도 있습니다. 한민족을 바꿀 수는 없지만 우리가 누군지는 알아야 합니다.

1394년에 천도한 한양은 중세 최대의 걸작입니다. 어느 도시에나 궁은 하나입니다. 그러나 한양에는 경복궁과 창덕궁이 똑같은 비중을 지니고 있었고, 이것이 600년 동안 지속되었습니다. 이는 풍수지리의 해석에 따른 것으로, 북악산을 주산主山으로 삼을지 응봉을 주산으로 삼을지에 따라 달라집니다.

한양은 청계천을 중심으로 한 지류들을 따라 가로망을 형성했습니다. 중국으로부터 압도적인 영향을 받고 있던 나라가 엉뚱한 짓을 한 것입니다. 충분히 대흥성大興城이나 장안성長安城이나 베이징을 흉내 낼 법도 한데, 그러지 않았습니다.

한양은 청계천의 지류들을 따라서 길이 났기 때문에 최소 에너지를 소비하던 도시입니다. 최소 에너지를 소비한다는 것은 자연으로부터 최대 에너지를 얻고 최소한의 것을 버리는 것입니다.

한양 당시에는 청계천에 모든 것을 버렸습니다. 한양성 안에 거주하던 10만 인구의 모든 배수排水가 청계천으로 나갔습니다. 상수원으로는 우물을 팠습니다.

서울은 경주보다 쉽게 세계에 알릴 수 있는 도시입니다. 서울을 다시 일으키기 위해 1994년 정도定都 600년을 기해 서울 사대문안 특구를 설치하자는 안을 만들었고, 2000년 베니스비엔날레 때 구체적인

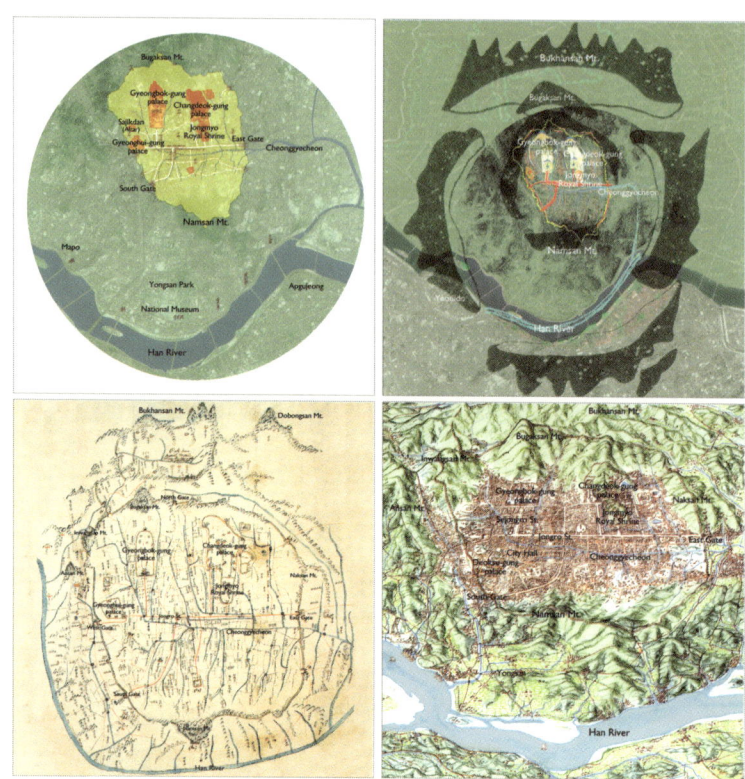

1	2
3	4

1. 올드 서울 2. 한양의 전체 형국
3. 조선조 당시의 모습 4. 영조와 정조 당시의 서울을 문헌을 통해 정리한 그림

다섯 가지 안을 제안했습니다.

    다섯 가지 안 가운데 첫 번째는 서울 일번가로입니다. 광화문 광장을 만들어 경복궁에서 시청 앞을 지나 남대문까지 나오자는 것입니다. 두 번째는 경복궁과 창덕궁 사이의 북촌을 역사 구역으로 지정해

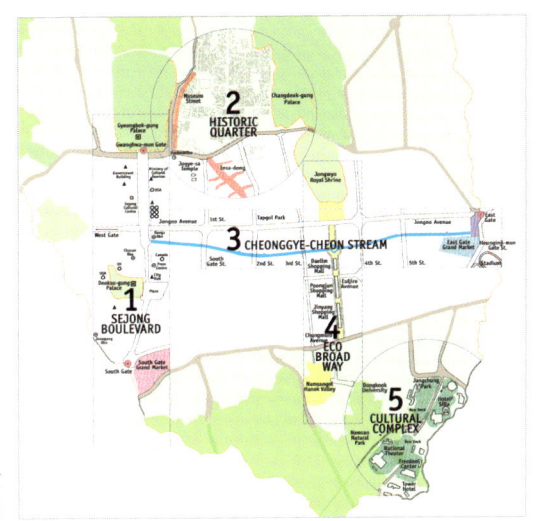

서울 사대문안
특구 다섯 가지

완전히 복원하자는 안입니다. 궁을 복원하듯이 민가를 전부 복원해야 합니다. 세 번째는 청계천을 뜯어내고 복원하자는 것입니다. 네 번째는 북한산 일대의 기운이 응봉에서 창덕궁을 통해 남산으로 이어져 내려오게 해야 한다는 안입니다. 마지막 다섯 번째는 사업이 없는 서울 사대문안에 디자인시티를 만들자는 안이었습니다.

3장

르네상스·산업혁명의 도시

5세기에서 15세기까지 천 년을 이어 오던 서양 중세 문명은 르네상스 문명에 의해 소멸합니다. 르네상스는 천 년 동안 잊고 있던 고대 문명의 위대함을 발견함으로써 시작되었습니다. 아이러니하게도 그리스·로마 문명이 많이 남아 있는 지중해 남측 해안의 아프리카를 점령한 이슬람에 의해 보존, 기록되었던 고대 문명을 서유럽이 받아들여 그리스·로마를 다시 알게 되면서 르네상스가 시작된 것입니다. 르네상스는 이탈리아에서 일어나 융성하다가 유럽 전역으로 퍼져 나갔습니다.

 르네상스를 선언하고, 그 용어를 가장 먼저 쓴 사람은 피렌체의 프란체스코 페트라르카Francesco Petrarca(1304~1374)입니다. 인문학에서 시작해 미술에 폭발적인 변화를 가져온 르네상스는 자연과학으로까지 확대되었습니다. 레오나르도 다빈치는 사형을 각오하고 당시 불법이었던 시체 해부를 해 세계 최초의 해부학 책을 만들었으며, 〈모나리자〉와 〈최후의 만찬〉을 그리면서 현대 문명에 영감을 준 위대한 발명품들을 탄생시켰습니다.

르네상스가 이탈리아에서 일어났던 것은 인문학자였던 지도자가 이끄는 강력한 도시국가였기 때문입니다. 베니스, 피렌체, 밀라노, 만토바 등의 도시에는 강력한 군주가 있어 예술가들을 보호하고 후원했습니다. 서유럽의 위대한 건축물은 대부분이 르네상스 건축입니다. 당시에는 모든 미술 형식이 건축과 함께했기 때문입니다. 대표적 르네상스 건축인 브라만테와 미켈란젤로가 설계한 로마의 바티칸 대성당과 브루넬레스키가 건축한 피렌체 두오모는 거대한 조각과 회화가 건축의 공간 형식과 하나로 이루어져 있습니다.

르네상스는 인문과 예술만 개혁한 것이 아닙니다. 교회 권력의 가장 큰 잘못은 면죄부를 판 것이었습니다. 중세를 이끌어 온 군주들은 기독교를 믿지만 교회와 교황은 믿지 않았습니다. 교황에게 도전한 루터를 군주들이 보호했습니다. 위대한 인문학자들이 인간의 권리와 사회 변혁에 대해 말하기 시작했습니다. 르네상스로 인해 종교개혁과 정치 혁명이 일어난 것입니다.

르네상스를 기반으로 자연과학이 되살아나기 시작하면서 산업혁명을 일으키는 계기가 되었습니다. 제임스 와트, 알렉산드로 볼타 등 과학자들의 발명이 모여 산업혁명이라는 거대한 변화를 만들었습니다.

이번 장의 주제는 르네상스의 건축과 도시의 인문학이지만, 르네상스가 일어났기에 가능했던 산업혁명의 건축과 도시도 함께 다루고자 합니다. 고대 문명이 위대하다고 여기고 중세 문명이 아름답다고 생각하지만, 인간 모두가 더 나은 삶의 의미를 갖고 제대로 살게 한 것은 산업혁명입니다. 그리스·로마 시대에는 10퍼센트 미만의 인간만이 문명을 누렸습니다. 비록 지금까지도 가진 사람들과 못 가진 사람들을 말하지만, 그 비례가 급격히 개선된 것은 산업혁명 이후입니다.

르네상스·산업혁명의 도시

1. 르네상스의 인문·건축·도시

르네상스를 인문, 건축, 도시의 세 관점에서 설명하겠습니다.

르네상스는 유럽 문명이 만든 것이 아니라 몇 명의 위대한 인간이 만든 것입니다.

거대한 중세 문명에 맞선 인간 가운데 제가 개인적으로 감동하는 인물은 콜럼버스입니다. 『콜럼버스 항해록』을 보면 한 개인이 역사를 만들어 낸 것임을 알 수 있습니다. 그러한 인간을 만든 것이 인문학입

르네상스의 인물들
(왼쪽 위부터 시계 방향으로)
체칠리아 갈레라니, 페사로를 통치하던 스포르차 가 알렉산드로의 딸 바티스타 스포르차, 후작부인 아사벨라 데스테, 체사레 보르자, 페라라의 공작 에르콜레 1세, 곤차가 가의 프란체스코 2세

니다. 인문학은 인간이 창조적인 일을 할 수 있게 만듭니다.

천재는 여럿이 함께 동시대에 태어납니다. 그런 천재들 간의 교류가 이루어지는 곳이 도시 광장입니다. 실리콘밸리라는 새로운 문명의 시발점이 된 곳은 동성연애자들이 모이던 카페였습니다. 르네상스에서는 광장이 그 역할을 했습니다. 피렌체의 도시 광장이 르네상스의 천재들이 모이던 곳입니다.

크리스토퍼 콜럼버스

크리스토퍼 콜럼버스Christopher Columbus(1451~1506)와 요하네스 구텐베르크Johannes Gutenberg(1398?~1468), 이 두 사람이 르네상스를 가능케 했다고 생각합니다. 콜럼버스에 의해 유럽 사람들이 이 세상 말고 또 다른 세상이 있다는 걸 알게 되었고, 구텐베르크에 의해서 모든 사람이 성서를 읽게 되었습니다.

르네상스가 일어났을 때 여자들이 르네상스의 위대한 도시들을 이끌어 나갔습니다. 『군주론』의 주인공인 체사레 보르자의 경우 마키아벨리의 이상적인 군주였지만, 여자들이 그에 못지않은 강력한 영향력을 발휘했습니다.

콜럼버스

베니스에 있을 때 아드리아 해로 나갔다가 이틀 동안 아무것도 볼 수 없자, 바다 한가운데 있는 것이 얼마나 외롭

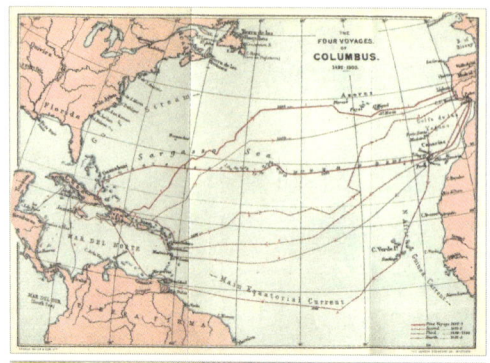

콜럼버스의 항해 지도
2세기에 이집트에 살았던 천문학자 프톨레마이오스가 제작한 세계 지도는 콜럼버스가 항해를 시작하는 데 영감을 주었다.

고 힘든 일인지 알게 되었습니다. 300~400명을 이끌고 두 달 동안 확실하지도 않은 목표를 향해 아무것도 보이지 않는 바다를 떠다닌 것은 인류가 이룬 기적 가운데 하나입니다. 이 일을 이룬 사람이 바로 콜럼버스입니다. 콜럼버스는 에스파냐 이사벨라 여왕의 후원을 얻어, 발견한 토지의 부왕 자리와 발생한 이익의 10퍼센트를 받기로 계약하고 항해를 시작했습니다. 이후 신대륙을 발견한 콜럼버스는 환대를 받으며 에스파냐로 돌아왔습니다. 그러나 후원자였던 이사벨라 여왕이 죽자

콜럼버스의 항해

그의 지위는 크게 하락했고, 결국 외로운 죽음을 맞이했습니다. 콜럼버스는 죽을 때까지도 2세기에 프톨레마이오스가 그린 지도를 그대로 믿어 인도를 발견했다고 생각했습니다. 여러분도 기회가 된다면 『콜럼버스 항해록』을 읽어 보시기 바랍니다.

바르셀로나에 가면 아직도 산타마리아호가 있습니다. 이 배로 망망대해를 건넌다는 것은 상상만 해도 답답할 정도로 힘이 드는데, 콜럼버스는 해냈습니다. 하지만 발견한 곳을 인도라고 생각해 인디언이라고 이름 붙였던 원주민을 25만 명이나 학살하는 등 악행도 많이 저질렀습니다. 그러나 결과적으로 인류에게 르네상스 시대를 열어 주는 역할을 했습니다.

요하네스 구텐베르크

　금속활자를 발명한 요하네스 구텐베르크는 금속 세공사의 아들이었습니다. 고려가 구텐베르크보다 100년 앞서 세계 최초의 금속활자를 만들었다고 하지만, 그 역할을 제대로 하지는 못했습니다. 구텐베르크는 금속활자만을 만든 것이 아닙니다. 활판술을 도입해서 전 유럽이 성서를 읽게 만들었습니다. 구텐베르크가 처음으로 찍은 것은 『구텐베르크 성서』였습니다. 기술자이면서도 인문학적인 깨달음이 있었기에 성서를 찍어야겠다는 생각을 했던 것입니다. 성서를 찍은 뒤에는 면죄부를 찍었습니다. 그 뒤 루터가 면죄부 판매를 비판하는 95개조의 반박문을 발표하자, 또다시 그것을 인쇄했습니다. 이것은 2

요하네스 구텐베르크와 그의 구텐베르크 인쇄기

1997년 3월 20일 구텐베르크 탄생 600주년을 맞이해서 발행된 구텐베르크 성서(위)와 기념 우표(가운데) 성서 초판을 확인하는 구텐베르크(아래)

주 만에 독일 전체에 번지고 두 달 안에 전 유럽에 퍼져 종교개혁을 일으켰습니다.

제가 1970년 건축 잡지 『현대건축』을 창간할 때까지 충무로에 활판인쇄기가 있었습니다. 금속활자와 목판인쇄가 다른 점은 목판인쇄는 전체를 그대로 만들어 찍지만, 금속활자는 하나씩 주조한 것을 집합해서 찍는다는 것입니다. 때문에 목판인쇄는 한번 만들어서 한 가지밖에 못 찍지만 금속활자는 계속 사용할 수 있습니다. 그러나 고려의 금속활자는 인쇄술로 이어지지 못했습니다.

구텐베르크는 면죄부를 찍기도 했지만 결과적으로는 수많은 책을 만들어 냄으로써 르네상스를 이끈 원동력이 되었습니다.

레오나르도 다빈치

레오나르도 다빈치Leonardo da vinci(1452~1519)의 글과 그림을 보고 대부분의 사람들처럼 저도 그를 위대한 화가로만 생각했습니다. 그런데 레오나르도 다빈치 박물관 설계를 하면서 다빈치에 대해 공부해보니, 이렇게 위대할 만큼 부지런한 사람은 처음이었습니다.

레오나르도 다빈치는 7년 동안 〈모나리자〉를 그렸습니다. 그러나 그 그림은 의뢰인에게 전해지지 못하고 루이 14세의 할아버지가 보관하게 되었습니다. 루브르 궁에 머물던 루이 14세가 처소를 베르사유 궁으로 옮기면서 〈모나리자〉가 있던 루브르는 왕실의 예술품을 보관, 관리, 전시하는 공간으로 변모한 것입니다.

〈최후의 만찬〉은 이것만으로 책 한 권을 써도 될 만큼 위대한 작품

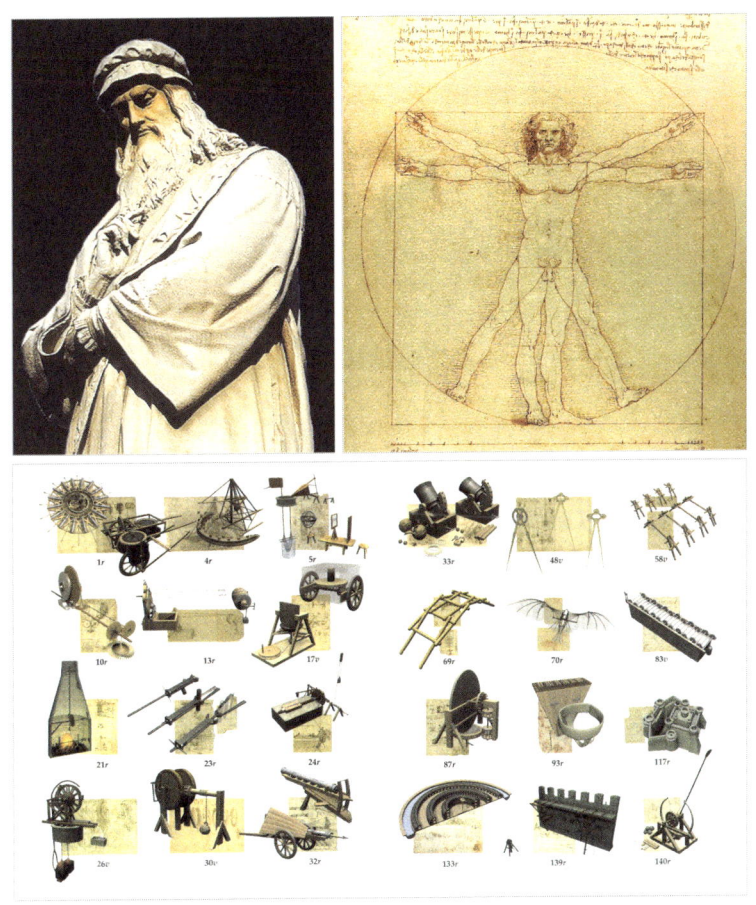

레오나르도 다빈치 동상과 〈인체비례도〉(위)와 레오나르도 다빈치의 수많은 발명품(아래)

〈최후의 만찬〉, 1497

입니다. 다빈치는 이 그림 안에 성서의 모든 내용을 담았습니다. 우리는 단순히 '최후의 만찬' 장면만을 볼 뿐, 그림 속에 단테가 『신곡』에 쓴 것보다 더 많은 내용이 들어 있다는 사실은 잘 모릅니다.

레오나르도 다빈치는 수많은 발명도 했습니다. 360도로 회전하는 대포, 난공불락의 성곽, 헬리콥터 등 다양한 발명품을 스케치하고 모형으로 만들었습니다. 산업혁명 이후에 이루어진 위대한 발명과 발견의 상당수가 레오나르도 다빈치의 스케치 속에 있습니다. 〈최후의 만찬〉을 그리고 대포를 발명할 때 쓴 일기를 보면, 그 당시 전쟁터에서 가장 많이 했던 말이 '아베마리아'인데, 대포를 맞으면 '아베마리아'를 부르지도 못하고 죽을 것이라는 끔찍한 말을 적어 놓기도 했습니다.

레오나르도 다빈치는 밀라노의 운하도 설계했습니다. 알프스의 물을 포 강까지 끌고 오는 거대한 운하를 처음으로 구상한 것입니다.

예술의전당을 설계할 때 라스칼라팀과 함께 작업하면서, 저는 라스칼라 극장 앞에 있는 동상을 베르디의 동상일 거라고 생각했는데, 어느 날 다시 보니 레오나르도 다빈치의 동상이었습니다. 다빈치는 그만큼 위대한 인문학자였습니다.

미켈란젤로 부오나로티

미켈란젤로 부오나로티Michelangelo Buonarroti (1475~1564)와 레오나르도 다빈치와 라파엘로는 동시대에 살았습니다. 서로 경쟁했고, 서로를 싫어했습니다. 시스틴 성당의 천장화를 미켈란젤로가 그리기로 결심한 것은 레오나르도 다빈치 때문이었습니다. 레오나르도 다빈치와 미켈란젤로는 둘 다 화가이고 건축가지만, 사실은 인문학자라고 생각합니다. 미켈란젤로는 많은 소네트sonnet를 남기기도 했고, 다빈치는 수많은 인문학 저작을 남겼습니다. 두 사람은 조각, 회화, 건축을 통해 인문학을 상형문자로 표현했습니다. 레오나르도 다빈치와 미켈란젤로를 비교해 보는 것은 상당히 뜻있는 일이라고 생각합니다.

미켈란젤로는 조각의 위대함을 사람들에게 알린 인물입니다. 회화는 2차원을 통해서 3차원을 표현하지만, 조각은 3차원 물상을 통해서 4차원의 시간을 표현합니다. 위대한 조각은 3차원이 아니라 4차원의 시간을 느끼게 합니다. 로마에 있는 모세상 앞에서 움직이면 시간이 공간과 결합할 때 얼마나 큰 것을 표현할 수 있는지 알 수 있습니다. 모세상 주변에서 움직이면 모세상과 보는 사람 사이에 강력한 긴장

미켈란젤로 부오나로티

다비드상, 모세상, 피에타상(왼쪽부터)

감이 느껴집니다. 피에타상은 굉장한 재능이 있는 조각가가 만든 아름다운 작품이지만, 모세상이 보여주는 조각의 힘과 인문의 깊이를 알게 하진 못합니다. 르네상스에 대해서는 책을 보고 공부하는 것보다 그 도시에 가서 실제 건축을 보고 느끼면 더 많은 것을 알 수 있습니다.

피렌체 두오모(산타마리아 델 피오레 대성당)

필리포 브루넬레스키Filippo Brunelleschi(1377~1446)가 돔을 건축한 피렌체 두오모(대성당) 앞에는 로렌초 기베르티Lorenzo Ghiberti(1378~1455)가 만든 천국의 문이 있습니다. 그 문을 현상 설계할 때 브루넬레스키를 제치고 당선한 로렌초 기베르티는 7~8년 동안 문을 만드는 데만 집중했습니다. '천국의 문'이라 일컫는 그 문은 미켈란젤로가 크게 감동한 작품입니다. 브루넬레스키가 당선되었으면 피렌체 대성당 같은

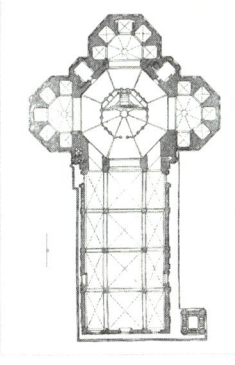

1. 피렌체 대성당
2. 피렌체 대성당을 위에서 내려다본 모습
3. 대성당 평면도
4. 필리포 브루넬레스키의 동상

르네상스 최고의 작품을 만들 수 없었을 것입니다. 시간은 우리에게 선택할 수밖에 없게 만듭니다. 피렌체 대성당은 낙선이 만들어 낸 위대한 작품입니다. 로마의 판테온 이후 근 1400년 만에 탄생한 위대한 건축 형식입니다. 지금의 기술로도 가설 건물을 만들어야 하는 대건축물을 아무 가설 장치 없이 만든 것입니다. 기술적으로 위대했고 미학적으로 아름다웠으며, 그 안에 기독교 정신의 위대함을 담으려 한 인문적 도시 건축입니다. 피렌체 대성당 안에 들어가면 성경을 읽지 않더라도 기독교의 정수를 이해할 수 있습니다.

피렌체 대성당은 그리스식 십자가 형태의 평면과 공학적으로 거의 완벽한 돔으로 이루어져 있습니다. 피렌체 대성당을 위에서 내려다보면 매우 아름답습니다. 유럽의 중세 도시를 아름답다고 느끼는 것은 재료가 통일되어 있기 때문입니다. 눈 덮인 마을은 다 아름답습니다. 추악함을 쉽게 느낄 수 있는 것은 형태가 아니라 색입니다. 베니스에 머물다가 서울에 오면 저를 슬프게 만드는 것이 색입니다. 색이 바로 미술이고, 색을 통해 우리의 앎을 공간으로 존재하게 하는 것입니다. 서울은 온갖 잡색의 도시입니다.

산타마리아 노벨라 성당

레온 바티스타 알베르티가 완성한 산타마리아 노벨라 성당은 벽돌로 쌓아서 만든 대공간 앞에 대리석으로 된 파사드(건물 외벽 장식)를 붙인 것입니다. 구조물에 의해 형성된 공간에 따라 형태가 이루어져 하나의 건축이 된 것이 아니고, 베니스의 가면처럼 건물 앞에 도시 공간

1. 레온 바티스타 알베르티 동상
2. 산타마리아 노벨라 성당
3. 산타마리아 노벨라 성당 정면

의 얼굴을 덧씌운 것입니다. 옆에서 보면 성당 정면에 2차원의 입면을 덧씌웠다는 것을 알 수 있습니다. 저는 동의하지 않지만, 산타마리아 노벨라 성당은 르네상스의 대표적인 건축물입니다.

알베르티는 모르는 것이 없는 사람이었습니다. 많은 책과 건축물을 남겼고, 당대의 모든 학자를 압도한 지식과 지혜를 갖춘 르네상스의 전인全人이었습니다.

알베르티에 대해 글을 쓴 조르조 바사리조차 "이 사람은 모르는 것이 없다!"고 썼습니다.

    교과서의 평가나 대중의 평가, 학자들의 평가는 문제가 있다고 생각합니다. 역사가들이 실재했던 그대로의 역사를 쓰지는 않습니다. 그들의 평가를 역사로 씁니다. 헤로도토스와 사마천 등 몇 명의 역사학자를 제외하고는 엉터리가 많습니다. 한국 현대사를 쓴 사람들도 문제가 있다고 생각합니다. 미술이나 건축을 볼 때는 자기 눈으로 보는 것만이 자기 것이 됩니다. 남들이 쓴 것은 참고일 뿐입니다. 잘못된 평가의 대표적인 예가 알베르티라고 생각합니다. 수많은 건축을 남겼지만 직접 가서 봤을 때 아름답다고 느끼지 못했습니다. 그러나 알베르티의 저작은 대단합니다. 학자로 평생을 살았다면 좋았을 것이라는 생각을 합니다.

피사의 사탑

    사람들은 자신의 눈을 믿지 않고 비평가들의 말을 믿습니다. "아는 만큼 보인다"는 말처럼 궤변은 없습니다. 어느 누구나 예술을 이해할 수 있는 것이 아닙니다. 타고난 만큼 볼 수 있는 것입니다. 지식은 가이드 역할을 할 뿐이지 장님이 볼 수 있게 하거나 색맹이 색을 알게 할 수는 없습니다.

    피사에 갔더니 피사의 사탑은 참으로 아름다운데, 피사 대성당에서는 아름다움을 느끼지 못했습니다. 피사 대성당은 이류 건축이었습니다. 이류 건축가가 일을 맡아서 하면 이류 건물이 되는 것입니다. 레오나르도 다빈치는 당시 피렌체에서는 일이 없어 밀라노로 갔습니다.

피사의 사탑과 피사 대성당

그러나 밀라노에 가서도 3년 동안 그림 그릴 기회가 없어 고대 그리스의 악기인 리라Lyra만 연주했습니다. 레오나르도 다빈치가 직접 그린 집은 세워지지도 않았습니다. 권력자와 손잡고 건축주와 잘 만난 사람의 건물이 세워지지, 위대한 건축가에게 일이 주어져 아름다운 건물이 세워지는 것은 아닙니다.

피사의 사탑은 설계상의 실수로 기울어졌습니다. 지반이 연약 지반에 걸쳐 있어서 보강을 해야 하는데 못한 것입니다. 피사의 사탑이 기울어진 지반 주변에 몇 개의 우물을 파고 철골 파일을 깊이 박으면 더 이상의 침하를 막을 수 있는데, 의사가 술 마시지 말라는데도 술을 마시는 것처럼 그들도 무너져 가는 피사의 사탑을 사랑한 듯합니다.

빌라 로툰다

안드레아 팔라디오Andrea Palladio(1508~1580)의 빌라 로툰다는 사진만 봐서는 제대로 알 수 없습니다. 사진으로 봤을 때는 저도 그 정도는 만들 수 있겠다고 생각했지만, 직접 가서 보고 힘이 빠지는 것을 느꼈습니다.

팔라디오는 석공 출신의 건축가입니다. 비첸차는 의회의 결의를 통해 팔라디오에게 도시의 모든 것을 맡겼습니다. 지금도 비첸차를 팔라디오의 도시라고 부를 정도로 비첸차의 주요 건물 대부분이 팔라디오의 작품입니다. 빌라 로툰다는 비첸차 외곽에 있습니다.

빌라 로툰다의 도면을 보면 사방팔방이 모두 같습니다. 현대의 위대한 건축가 가운데 알도 로시Aldo Rossi(1931~1997)라는 사람이 있습니다. 이 사람의 건축은 대부분이 정대칭입니다. 베니스대학에서 알도 로시와 함께 강의할 때, 한번은 제가 웃으며 그 이유를 물었습니다. 그랬더니 설계를 1/4만 하면 되지 않느냐며 우스갯소리를 했습니다. 인간도 정대칭입니다. 빌라 로툰다는 정대칭에서 한 걸음 더 나아간 점대칭입니다. 점대칭이라면 1/4만 설계하면 집이 됩니다. 이렇듯 팔라디오는 단순 명료했습니다.

토머스 제퍼슨Thomas Jefferson(1743~1826) 등 많은 건축가가 빌라 로툰다를 모방했습니다. 팔라디오는 건축의 문법 체계를 만든 것이므로, 모방이 가능한 작품이었기에 하나의 작품이 건축적 양식이 될 수 있었습니다. 팔라디오는 가장 기하학적인 십자의 정방형 평면으로 수많은 사람에게 더 큰 자연을 느끼게 했습니다.

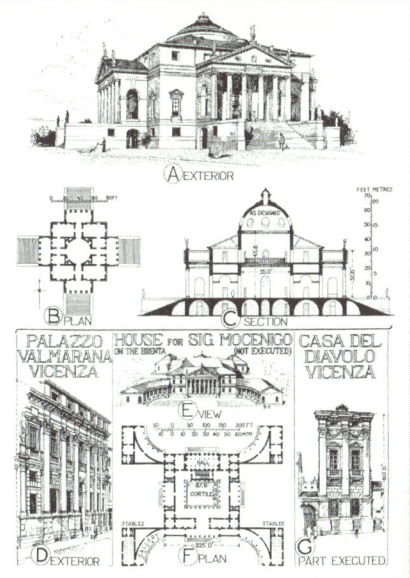

1. 빌라 로툰다
2. 안드레아 팔라디오
3. 빌라 로툰다의 도면

팔라디오의 빌라 로툰다(위)와
제퍼슨의 몬티첼로(아래)

    중세와 르네상스 시대 건축의 기본 틀은 권력자들이 만들었습니다. 건축 이전에 건축주가 우선이었습니다. 팔라디오의 작품 대부분은 새로 지은 건물이 아니라 수리 또는 복원한 것입니다. 그 과정을 통해 건축의 원리를 글로 쓴 것이 『건축 사서』입니다. 돌을 어떻게 쌓아야 하며, 연약한 돌은 다루기 쉬우나 강한 돌과 어울렸을 때 어떤 문제가 생기는지 등을 기술했습니다. 제가 『건축 사서』를 보고 감동한 이유는 건축적 철학이 아닌 완벽하게 기술만을 다룬 건축책이기 때문입니다. 건축 원리가 단순 명료한 형태의 아름다운 건축물로 나타났습니다.

팔라디오의 또 다른 대표작
바실리카

　건축의 아름다움은 타고난 사람이 만드는 것이고, 건축의 기본 계획은 건축주가 세우는 것입니다. 건축가들에게 재능을 가르칠 수는 없습니다. 팔라디오는 재능을 가르치려 들지 않고 기술을 가르치고자 했습니다. 그런데 요즘 나오는 건축책들을 보면 철학책 흉내를 내고 있습니다. 오히려 건축 기술만을 다룬 『건축 사서』를 보면서 팔라디오야말로 위대한 인문학자임을 알 수 있습니다.

로마 성 베드로 광장

르네상스 시대의 사람들은 광장에서 만났습니다. 고대 로마 이후 르네상스 때 지어진 광장 가운데 가장 볼 만한 광장이 바티칸 시국에 있는 성 베드로 광장입니다.

성 베드로 대성당은 처음에는 줄리아노 다 상갈로가 설계했지만, 치열한 경쟁 끝에 도나토 브라만테에게 넘어갔습니다. 그러다 라파엘로 산치오도 참여했고, 결국 미켈란젤로에 의해 완성되었습니다. 그러니 성 베드로 성당의 설계자는 네 명인 셈입니다.

성당 바로 앞에 있는 성 베드로 광장은 잔 로렌초 베르니니Giovanni Lorenzo Bernini(1598~1680)가 만들었습니다. 베르니니는 베르사유 설계를 의뢰받고 루이 14세를 만나러 가는 도중에 납치되어 다른 성을 설계했을 만큼 전 유럽이 탐내던 건축가였습니다.

베르니니가 조성한 광장에 의해 브라만테와 미켈란젤로가 설계한 성

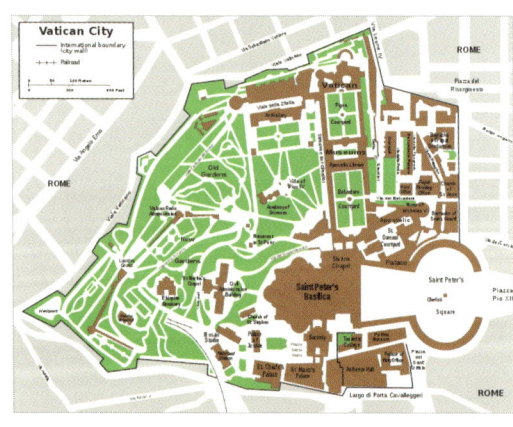

바티칸 시국의 배치도

성 베드로 대성당(위)과 성 베드로 광장(아래)

베드로 대성당이 도시 공간으로서의 위대한 역할을 합니다. 가톨릭의 성지라고 할 만한 광장입니다. 그러나 성 베드로 대성당은 끊임없이 사람들이 모여 서로의 영혼을 일깨우는 나보나 광장 같은, 도시의 일상적인 광장은 아닙니다.

피렌체 시뇨리아 광장

여러분은 피렌체라고 하면 메디치가를 떠올릴 것입니다. 당시 유럽 최고의 부자였으며, 메디치 가문의 전성기를 이끌었던 로렌초 데 메디치Lorenzo de' Medici(1449~1492)는 '위대한 로렌초'라고 불릴 만큼 미켈란젤로, 레오나르도 다빈치, 보티첼리, 안드레아 델 베로키오 등 많은 예술가들을 후원했습니다. 하지만 절대 권력 메디치가도 후대에 와서는 베키오 다리를 만들어 그들만의 공간에 칩거함으로써 시민들과 멀어졌습니다. 이렇게 공적 도덕성을 상실한 지배자는 결국 시민에 의해 추방되었습니다.

메디치가를 세운 코시모 메디치Cosimo di Giovanni de' Medici(1389~1464)는 자신의 집을 지을 때도 조심해 남이 짓던 집을 사서 살았을 정도로 자기 관리에 철저했습니다.

시민들은 지배자에게 충성하지만, 부패하고 타락한 지배자는 결국 몰아내고 마는 것이 역사의 흐름입니다.

밀라노 두오모 광장

서울시가 15억을 들여 유일하게 '서울 600년 전시회'를 한 피에라

피렌체 고지도와 전경

시뇨리아 광장

밀라노에서 두 번의 전시회를 했고, 현재 인천에 '밀라노디자인시티'를 조성할 계획이기 때문에 밀라노는 7년 동안 지낸 베니스만큼 제가 잘 아는 도시입니다.

레오나르도 다빈치가 밀라노를 개조한 안을 만들었습니다. 외곽을 운하화하고 내부에 운하 수로를 만들었으며, 청계천처럼 복개한 곳이 지금도 일부는 남아 있습니다.

밀라노 두오모는 르네상스 시대에 완성되었지만 대표적인 고딕 성당입니다. 바로 옆이 갈레리아(아케이드)이고, 갈레리아를 지나면 라스칼라 극장이 있습니다. 이 일대가 두오모 광장입니다. 광장은 인간과 인간이 만나는 곳일 뿐만 아니라, 오늘의 시간과 과거의 시간이 서로 만나는 곳입니다. 고대와 중세와 르네상스와 산업혁명이 하나의 공간에서 만납니다. 에마누엘레 2세가 세운 갈레리아가 있고, 제2차 세계대전 이후에 재건한 라스칼라 극장이 있으며, 중세 시대부터 세우기 시작한 무중력 상태의 거대한 석조 건축인 두오모가 있습니다. 두오모를 바라보거나 안에 들어가면 이승과 다른 하늘나라가 존재한다는 것을 누구나 느끼게 하는 아름다운 대공간임을 알 수 있습니다. 갈레리아와 두오모 밑으로는 지하철이 지나갑니다. 이런 모든 시간이 뒤엉켜 사람과 사람의 만남과 시대와 사람들의 만남이 이루어지는 그들의 두오모 광장을 만든 것입니다.

시에나 피아차 델 캄포

성곽으로 둘러싸인 도시 시에나 한복판에 시에나 광장이 있습니다.

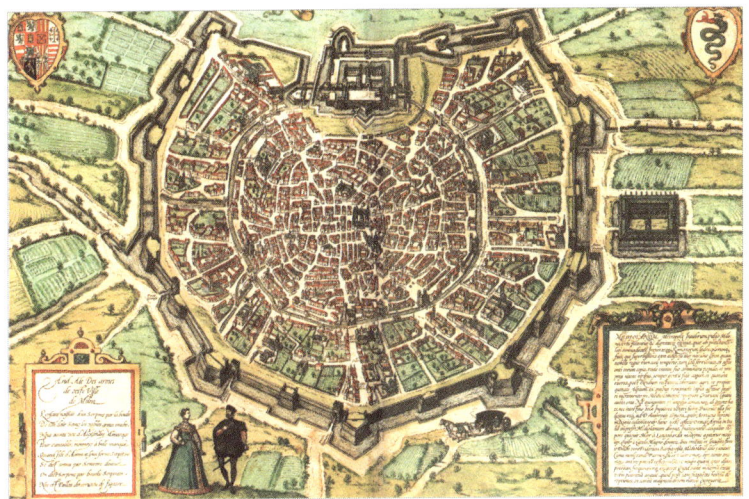

〈밀라노의 옛 지도〉, Engraving, Antonio Lafreri, 1560년

두오모(성당)와 광장

시에나의 피아차 델 캄포

시에나 광장에서는 전통 경마 경기인 팔리오 축제 등 많은 행사가 열립니다. 저녁이면 대부분의 주민이 이 주변에 모여듭니다. 베니스에 있는 산마르코 광장처럼 시에나 사람들이 하루에 한두 번씩은 지나는 광장이 피아차 델 캄포입니다.

2. 산업혁명의 인간·건축·도시

산업혁명은 자연과학이 이룬 문명입니다. 산업혁명을 이끈 수많은 사람이 있지만, 다음 네 사람이 가장 중요한 역할을 했습니다. 제임스 와트, 알렉산드로 볼타, 최초로 유럽과 아메리카를 통신망으로 연결한 빌헬름 지멘스, 강철을 세상에 내놓은 헨리 베서머가 그들입니다.

여기서는 이들과 함께 위대한 건축 작품인 크리스털 팰리스, 에펠 탑, 그랑 팔레, 오르세역과 가장 위대한 도시 공간인 런던의 더몰, 파리의 샹젤리제, 산업혁명의 도시인 에센의 크루프 공장 도시, 그리고 런던의 타워 브리지에 대해 설명하겠습니다.

제임스 와트

인문학은 진보하거나 집합하는 것이 아니라 끊임없이 자기의 내면을 성찰하는 학문입니다. 인문학에서는 과거를 집합하지 않습니다.

그러나 자연과학에서는 모든 것을 다 더해야 합니다. 물리학을 하는 사람은 뉴턴의 고전물리학뿐만 아니라 피타고라스와 아르키메데스까지를 모두 이해해야 새로운 것을 이룰 수 있습니다. 아인슈타인의

 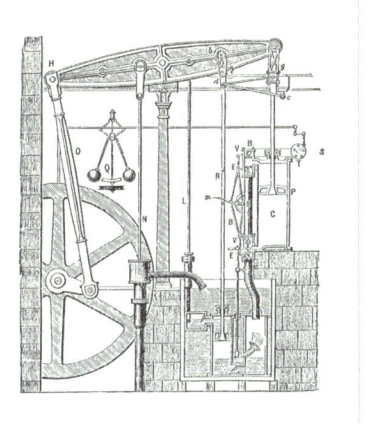

제임스 와트가 볼턴과 함께 볼턴앤드와트사를 만들어 1784년에 설계한 증기기관의 도면

첫 실험을 하는 어린 와트(위)
와트의 작업실(아래)

물리학은 뉴턴의 물리학을 수용해 새로운 경지를 열었습니다. 양자역학은 상대성이론을 수용해 그보다 더 깊은 것을 만든 것입니다.

제임스 와트James Watt(1736~1819)는 증기기관을 발명함으로써 그 전까지의 모든 발명을 집합했습니다. 그 뒤에도 와트가 이루었던 혁신을 따를 만한 것은 없습니다.

알렉산드로 볼타

제가 알렉산드로 볼타Alessandro Giuseppe Antonio Anatasio Volta(1745~

1827)를 중요하게 생각하는 것은 앞으로 현대 문명을 이끌어 나갈 전지를 만든 사람이기 때문입니다. 에너지는 저장되지 않습니다. 에너지가 저장될 수 있다면 에너지 문제가 심각할 이유가 없습니다. 화력 발전소는 한번 돌리면 계속 돌아가야 하고, 한번 분출한 석유와 천연가스는 계속 쓰지 못하면 없어집니다. 발전소를 멈췄다가 다시 돌리려면 석 달이 넘게 걸립니다. 따라서 에너지를 안 쓴다고 중단할 수도 저장할 수도 없습니다.

세계 최초로 에너지를 저장할 수 있게 한 사람이 볼타입니다. 볼타가 전지를 발명하자 나폴레옹은 프랑스 최고의 훈장을 주면서 인류를 위해 가장 큰일을 했다고 말했습니다. 지금도 일상생활에서 볼트라는 말을 사용합니다만, 알렉산드로 볼타의 위대함을 알고 있지는 못합니다.

현재 대규모 에너지를 저장할 수 있는 방법을 계속 연구하는 중이지만, 아직까지는 축전기 정도에 불과합니다. 또한 LG전자가 자동화

볼타와 볼타 전지(1799), 나폴레옹에게 볼타 전지에 대해 설명하는 볼타

전지를 획기적인 에너지로 추천하고 있지만 전 세계 에너지 수요에 비하면 조족지혈입니다.

카를 빌헬름 지멘스

카를 빌헬름 지멘스Carl Wilhelm Siemens(1823~1883)는 평로법을 만들어 철강업을 세계적인 산업으로 일으켰습니다. 당시 영국에는 이미 특허 제도가 확립되어 있었습니다. 그래서 지멘스는 독일을 떠나 영국으로 갔습니다. 영국 사람들은 지멘스를 일컬어 위대한 영국의 독일인이라고 하고, 독일 사람들은 독일을 세계에 알린 인물이라고 합

1. 지멘스
2. 초기의 평로공장 모습
3. 평로법을 선택한 제철소 전경

니다. 철강이 만들어져 배와 비행기와 고층 건물이 탄생한 것입니다.

헨리 베서머

영국의 헨리 베서머Henry Bessemer(1813~1898)는 최초로 효율적인 철강 제조법을 만들어 낸 사람입니다. 베서머의 공법은 지금도 사용되

베서머와 베서머 컨버터, 베서머의 제강법

고 있습니다. 광양에서 세계 최대의 용광로를 만드는 데도 같은 원리를 이용합니다.

산업혁명 시대의 건축은 철강 사업으로 인해 그 전의 건축과는 크게 달라졌습니다. 르네상스까지 벽돌을 쌓아 짓던 건축에 철강이 새롭게 등장한 것입니다. 철강이 나타나면서 건축에 엄청난 변화가 생겼습니다. 쉽게 대공간을 만들 수 있고, 아주 빠른 시간 안에 집을 지을 수 있게 되었습니다. 사전에 공장에서 제작해 현장에서 조립하는 일이 가능해짐으로써 효율적이고 경제적인 시공을 할 수 있게 되었습니다. 그 결과로 탄생한 건축이 크리스털 팰리스, 에펠탑, 그랑 팔레, 오르세역 등입니다.

크리스털 팰리스

빅토리아 여왕의 남편인 앨버트 공의 제안으로 대영 제국이 이룬 위대한 문명을 전 세계에 알리는 박람회가 1851년 런던 하이드 파크에서 열렸습니다. 모든 건축가가 건축물 현상에 공모했습니다. 정원설계가인 조셉 팩스턴Joseph Paxton(1801~1865)은 건축가가 아닌 사람도 작품을 낼 수 있냐고 심사위원에게 물은 뒤 공모를 했습니다. 그때 낸 안이 크리스털 팰리스였습니다. 정원설계가였던 그는 당시 유행하던 온실을 본떠 최초의 유리 건물을 제안했습니다.

크리스털 팰리스는 지금까지 지어 올린 단일 건물 가운데 가장 큽니다. 이 거대한 건물을 넉 달 만에 지었습니다. 사전 조립으로 철강 프레임을 만들고 90만제곱피트의 유리창을 나흘 안에 다 조립했습니다.

크리스털 팰리스와
크리스털 팰리스의 평면

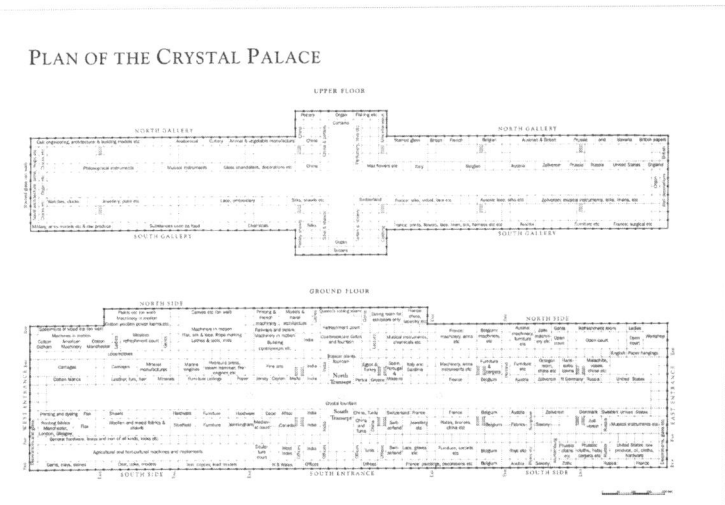

그 당시 박람회장 내부 공간의
모습을 그린 그림

조셉 팩스턴이 공모한 원래의 설계안에는 반원의 아치가 없었습니다. 그런데 하이드 파크에 있던 가장 큰 나무를 벨 수가 없어서 돔을 만들어 얹은 것입니다. 결과적으로 더욱 근사한 건물이 되었습니다. 크리스털 팰리스의 평면을 보면 단순 명료합니다. 공사 기간 중에는 짓는 것 자체로 런던 시민 모두의 자랑이었으며, 공사 중에 빅토리아 여왕이 자주 들렀다고 합니다.

박람회에서는 산업혁명의 위대한 발명품을 전시했습니다. 산업혁명이 이룬 인류의 위대한 진보를 모든 사람이 함께 축하한 것입니다.

독일, 프랑스, 미국 등 모든 나라가 참여합니다. 런던 박람회를 계기로 5년에 한 번씩 박람회가 열립니다. 파리에서 열린 1889년의 박람회장 건물로는 에펠탑이 세워졌습니다. 2010년 상하이에서 열린 박람회가 바로 그 박람회입니다.

에펠탑

에펠탑은 파리 박람회 때 구스타브 에펠Alexandre Gustave Eiffel(1832~1923)이 제안해서 건축된 것입니다. 박람회 기간에 에펠탑을 세워 사업을 하겠다고 했습니다. 에펠은 다리를 만들던 엔지니어면서 아름다운 백화점을 남긴 건축가이고 뉴욕에 있는 자유의 여신상을 설계한 조각가이기도 했지만, 무엇보다도 자신이 사업가로 기억되기를 원했

에펠탑

습니다. 에펠은 파리의 백화점과 다리를 설계했고, 자유의 여신상을 미국에 보내기 위해 조각으로 분해한 뒤 조립하기도 했습니다.

에펠탑이 들어설 때 굉장한 논란이 일어났습니다. 에펠탑을 보지 않기 위해 에펠탑에서 식사를 하는 사람이 있을 만큼 파리를 더럽히는 추악한 건물이라고 생각한 사람이 많았습니다. 하지만 지금은 파리를 상징하는 건물입니다.

그랑 팔레

그랑 팔레는 조셉 팩스턴이 설계했던 크리스털 팰리스의 이상을 살려 파리에 만든 건물입니다.

그랑 팔레와 그 내부

오르세 미술관

산업혁명 이후 가장 뚜렷하게 나타나는 건축물은 철도역입니다.

태초에 길이 있었고, 그다음에 나타난 것이 운하입니다. 뒤를 이어 산업혁명의 가장 큰 산물인 철도가 생겼습니다. 처음에는 철도역을 도시 한복판에 세웠습니다. 그러다 보니 철도로 인해 도시가 둘로 나뉠 수밖에 없었습니다. 도심지에 있던 철도역 주변에 새로운 도시 중심이 생기고, 기존 건물은 다른 용도로 변경되었습니다.

오르세역은 파리 한복판에 있던 역입니다. 도심을 관통하는 철도를 없애자 오르세역의 용도가 바뀌어 오르세 미술관으로 새롭게 탄생했습니다.

오르세역

오르세 미술관

런던의 더몰

산업혁명 이전의 런던은 지금의 런던과는 전혀 달랐습니다. 1666년 대화재를 계기로 런던이 완전히 바뀐 것입니다.

영국 여왕을 제외하고 유일하게 영국 돈인 파운드에 얼굴이 나오는 크리스토퍼 렌Christopher Wren(1632~1723)은 건축가이며 학술원장이고, 동시에 물리학자, 천문학자, 인문학자이기도 했습니다. 크리스토퍼 렌은 런던에 대화재가 일어난 뒤 런던을 전적으로 개조한 안을 제안했습니다. 그대로 이루어지지는 않았지만 세인트폴 대성당 등 그의 설계안에 따라 지어진 중요한 건물들이 들어섰고, 주요 건물 대부분은 그의 제자들이 만든 것입니다.

 헨리 8세는 16세기부터 19세기, 르네상스 때부터 산업혁명 때까지 런던의 모습을 그리도록 지시했습니다. 그 그림을 보면 17세기에는 런던이 웨스트민스터 쪽으로 확장된 모습을 볼 수 있고, 18세기에는 다리 위에 집을 지었다는 것을 알 수 있습니다. 다리 위는 조망이 좋고 하수를 마음대로 처리할 수 있어서 상당히 좋은 거주지로 여겨졌으며, 리빙 브리지라고 부르기도 했습니다.

 중세까지는 건축물에 그리스·로마 형식이 나타난 적이 없습니다. 로마네스크와 고딕만 있던 중세를 지나 르네상스 때 처음으로 삼각형 지붕과 열주, 돔 등 그리스·로마 양식이 건축에 등장합니다. 이후 산업혁명을 지나면서 근대 건축이 형성되었습니다. 근대 건축은 그리스·로마 건축과 르네상스 양식의 변형이라고 볼 수 있습니다.

 버킹엄 궁전에서 트라팔가 광장을 지나 다우닝가의 총리 공관까지를 더몰이라고 합니다. 광장은 도시의 네트워크를 만드는 곳이어야

〈런던 대화재〉와 크리스토퍼 렌

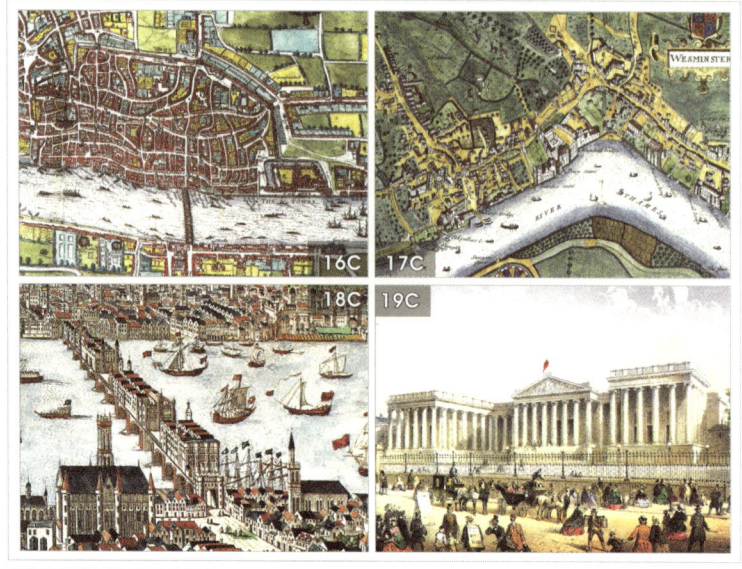

르네상스부터 산업혁명 때까지의 런던 모습(위)
런던 전경(아래)

합니다. 각각의 건축물이 서로에게 영향을 미치는 곳이어야 합니다. 인간이 자기들끼리 사는 곳이 건축이고, 함께 더불어 사는 곳이 광장입니다.

'유럽의 광장'이라는 전시회가 있었습니다. 유럽의 다섯 나라 대표 건축가들이 대표적인 도시 광장을 뽑아 유럽이 세계에 보일 수 있는

런던 더몰의 배치도와 전경

광장을 전시하고, 『유럽의 광장』이라는 책을 만들었습니다. 베니스대학 교수들의 제안으로 제가 책임편집을 맡은 한국어판이 출간되었습니다.

유럽이 과시할 수 있는 문명 가운데 가장 중요한 것이 광장입니다. 유럽은 광장이 만들어 낸 문명입니다. 광화문 광장은 이대로는 아직 문제가 많습니다. 앞으로 제대로 된 광장으로 만들 수 있는 방안은 나무를 심는 것입니다. 더몰처럼 완전히 숲과 함께하는 광장이어야 합니다. 북한산과 북악산이 경복궁을 지나 도시로 내려오는 녹지의 흐름을 이어야 합니다. 광화문 광장은 이제 시작입니다. 우리 모두가 나서서 광화문 광장을 서울의 상징 공간으로 만들어야 합니다. 그만한 기초는 만들어져 있다고 생각합니다.

파리 샹젤리제

우리는 파리를 만든 사람이 조르주외젠 오스만 남작Baron Georges-Eugène Haussmann(1809~1891)이라고 알고 있습니다. 오스만 남작은 파리 안의 건축가들은 자기 멋대로 건축할 권리가 없다고 말했습니다. 그러자 건축가들은 창작의 자유를 외치며 맹렬히 반항했습니다. 글이나 그림을 그리는 자유는 괜찮습니다. 그러나 건축가에게는 자유가 제한되어야 합니다. 건축은 도시에 영향을 미치기 때문입니다. 오스만 남작은 그가 만든 규범에 따라 적어도 바깥에 보이는 모습은 파리라는 공동체를 만들기 위한 예의와 규범을 지키도록 했습니다.

그러나 이 모든 내용은 오스만 남작이 아닌 루이 나폴레옹Charles Louis Napoléon Bonaparte(1808~1873)이 한 일입니다. 제가 컬럼비아대학에 있던 3년 동안 강의가 없는 시간 대부분은 도서관에서 지냈습니다. 컬럼비아 건축대학 도서관은 건축 관련 책이 세계에서 가장 많습니다. 그때 파리에 대한 항목을 찾다가 루이 나폴레옹(나폴레옹 3세)의 서한집을 발견했습니다. 루이 나폴레옹의 서한집에는 지금의 파리를 만든 사연들이 적나라하게 쓰여 있었습니다. 황제가 나라를 다스리고 군대를 키울 생각을 해야 하는데, 도시를 설계했습니다. 오스만 남작은 루이 나폴레옹이 몰락한 뒤에 파리 개조 사업을 자신의 업적으로

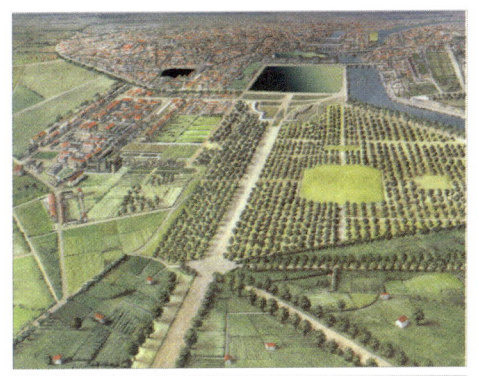

루이 14세 때의 파리 모습(위)과
현재의 파리 모습(아래)

바꿔 놓은 것입니다. 그런 일이 우리가 아는 역사입니다.

지금의 파리를 굉장히 오래된 도시로 알고 있지만, 현재 우리가 보고 있는 파리는 프랑스 혁명 이후에 만들어진 도시입니다. 루이 14세가 집권할 당시 파리에는 아무것도 없었습니다. 루이 나폴레옹은 베르사유까지 이어지던 벌판을 도시설계에 의해 현재의 모습으로 만들었습니다. 귀족과 성직자의 파리를 모든 사람이 공유하는 민중의 공간으로 만든 것입니다. 저는 프랑스 혁명이 민중의 혁명이 되어 도시화하는 데 성공한 것은 루이 나폴레옹이 이룬 일이라고 생각합니다.

파리 샹젤리제 거리와 샹젤리제 전경

    샹젤리제는 루브르 궁전에서 콩코드 광장을 지나 개선문까지 이어지는 거리입니다. 이 거리를 잇는 직선상에 라데팡스라는 신도시를 만들었습니다. 그런데 국영 기업들을 강제로 보내고 세금을 면제해 주었지만 기업들이 신도시로 가려 하지 않았습니다. 이때 프랑스의 21대 대통령이었던 프랑수아 미테랑이 라데팡스까지 지하철을 연장해 한번에 갈 수 있도록 하고, 그랑드 아르슈Grand Arch(대개선문)를 만들어 개선문과 짝을 이루게 해 하나의 도시라는 느낌을 갖게 만들었습니다. 그러자 라데팡스는 2년 안에 꽉 찼습니다. 현재는 파리 세금의 75퍼센트를 라데팡스에서 걷습니다. 그러나 라데팡스는 여전히 낮에만 존재합니다. 밤이 되면 사람들은 대부분 몽마르트르로 향합니다.

    미테랑 대통령이 추진했던 파리의 대규모 문화 건축물 재개발 계획

루브르 궁전과 아이엠 페이의 유리 피라미드

인 그랑 프로제Grand Projet 8가지 가운데 가장 실패한 것이 바스티유 오페라하우스입니다. 설계 자체도 좋지 않았고 사람들도 좋아하지 않았습니다. 그 건물에는 오페라하우스가 갖는 특유함이 없습니다. 강당 같은 건물입니다.

반면에 가장 성공적인 것은 루브르 박물관입니다. 박물관은 아이엠 페이Ieoh Ming Pei(1917~)라는 중국계 미국인 건축가의 작품입니다. 그의 아버지는 쑤저우 정원의 주인이었고 중국 은행의 총지배인이었습니다. 아이엠 페이는 루브르를 통째로 맡겨 달라고 해 혁명 200주기 때 하기로 했던 개관식을 1년 늦추기도 했습니다.

유럽에서는 건물 위에 건물을 짓습니다. 조적조組積造 건물은 하부에 석축을 쌓아서 짓기 때문입니다. 성 베드로 대성당 밑에도 집이 있습니다. 아이엠 페이가 루브르 궁전도 밑을 파자고 해서 공사가 1년 지연된 것입니다. 지하를 발굴하고 거대한 지하 광장을 만들면서 루브르 궁전은 재탄생했습니다. 그리고 그 유명한 유리 피라미드를 만들었습니다. 전에는 루브르 박물관에 가면 어디가 어딘지 알 수 없었는데, 아이엠 페이가 유리 피라미드를 만든 뒤에는 항상 자기가 어디에 있는지 알 수 있게 되었습니다.

에센 크루프 공장 도시

독일 라인 강의 기적은 에센 공업 지대에서 이루어진 것입니다. 독일에는 제대로 된 항만이 없었습니다. 그래서 로테르담을 자신들의 항만으로 이용하고, 로테르담에서 에센 공업 지대까지 운하를 파고 들어와 결과적으로 로테르담을 자신들의 항구로 만든 다음, 에센에 세계 최대의 제철소를 세운 것입니다.

에센 크루프 공장 도시

타워 브리지

타워 브리지가 중요한 이유는 타워 브리지를 만들면서 사우스 뱅크를 만들었기 때문입니다.

한때 우리의 한강에는 다리가 하나밖에 없었습니다. 그러다 공항으로 가기 위해 놓은 두 번째 다리가 제2한강교입니다. 다리를 만들 때 가장 중요한 것이 다리를 넘어서 닿는 곳을 어떻게 만드냐는 것입니다. 한강 다리가 도시와 동떨어지게 된 것은 다리를 건너 닿는 곳에 도시 공간이 만들어지지 않았기 때문입니다. 브루클린 브리지를 건너면 로워 맨해튼입니다. 브루클린 브리지에는 맨해튼의 다운타운이 있고 타워 브리지 남단에는 사우스뱅크가 있는데, 우리의 제2·제3 한강교 남단에는 인터체인지밖에 없습니다.

타워 브리지

한샘 시화공장

제가 설계한 한샘 시화공장은 길이가 200미터인데, 좌측에서 MDF 합판이 들어가면 200미터 끝으로 제품이 나옵니다. 이 건물은 석유를 하나도 쓰지 않습니다. 가구를 만들려면 나무를 절단해야 합니다. MDF를 자르면 15퍼센트가량의 폐자재가 생기고 분진이 나오게 되어 있습니다. 한샘 시화공장은 세계 최초로 폐자재와 분진을 합한 자재만으로 냉난방을 합니다. 공작기계들을 사러 간 독일에서는 기계를 계속 팔기 위해 기계 라인을 만들고 있었습니다. 산업혁명의 기반도 결국 라인 작업이었습니다.

한샘 시화공장을 만들 때 건축주가 세 가지를 부탁했습니다. 한 가지는 세계에서 가장 효율이 높은 공장을 만들어 달라는 것이었고, 두 번째는 일하는 사람들이 창의력을 발휘할 수 있는 공장을 만들어 달라는 것이었습니다. 그래서 일하는 사람들이 라인을 바꿀 수 있도록 설계했습니다.

라인을 만들 때 기초를 만들어야 합니다. 200미터씩 되는 라인의 기초는 굉장히 복잡합니다. 콘크리트 기초 위에 공작기계를 놓습니다. 이런 방식은 시간이 지나도 계속 그대로 써야 합니다. 공장에서 일하는 사람들은 똑같은 공정 속에서 일을 해야 합니다. 일종의 식민화가 되는 것입니다. 저는 과감하게 5억을 더해 60센티미터 바닥 전부를 기계 기초로 만들었습니다. 그래서 노동자들이 라인을 마음대로 조작할 수 있게 되었습니다. 독일에서는 부품만 사오면 됩니다.

건축주가 세 번째로 부탁한 것이 가장 어려운 일이었습니다. 이 세

한샘 시화공장

상에서 가장 아름다운 공장을 만들어 달라는 것이었습니다. 한샘 시화공장은 청와대 본관을 제치고 제1회 건축문화대상을 수상했고, 공작기계를 설치하던 독일인들이 자신들도 여기서 일하고 싶다는 말을 했습니다.

 이것이 건축적 인문학의 정신이라고 생각합니다. 자연과학자와 공학자가 인문과학을 상상할 수 있어야 합리적인 건축, 아름다운 건물이 탄생할 수 있습니다.

4장

지식산업사회의 인문학

지금까지 고대 문명부터 중세와 르네상스, 산업혁명까지를 둘러보았습니다. 마지막으로 지식산업사회에 대해 설명하겠습니다.

이 장의 전반 부분은 20세기 문명을 시각 언어로 알게 하려는 것입니다. 20세기는 르네상스와 산업혁명이 세계화되고 인류의 이상인 민주주의를 실현한 시기지만, 두 차례의 세계대전과 식민통치, 반인문적 인종 차별과 극심한 빈부 격차가 존재한 시기이기도 합니다. 고대, 중세, 르네상스, 산업혁명은 영웅과 천재들이 만든 시대였지만, 20세기는 모든 인간이 함께 이루고 망가뜨린 시대입니다. 그러나 부정적인 시각보다는 20세기 문명의 희망적인 흐름을 보고자 했습니다.

'1900년대 새로운 문명의 집', '제1차 세계대전과 대공황', '제2차 세계대전과 이후 10년의 세계', '1960~1970년 우주공학과 유전공학의 시대', '1980~1990년 탈냉전 시대의 세계' 등 1999년 말에 쓴 다섯 편의 글을 정리하고, 여기에 '21세기 전후 10년의 전 지구적 변화'를 더했습니다. 2진법과 주역은 같은 논리 체계지만 2진법이 컴퓨터와 유전공학의 길을 열게 한 데 비해 주역은 여전히 점술과 신비론에 머물러 있습니다. 양자역학은 아인슈타인도 이해하기 힘들어 하던 미래 과학이었습니다. 그러나 이제는 인문학도 양자역학을 알아야 합니다.

지식산업사회의 인문학

20세기의 인문학과 건축과 도시를 미술을 통해 다루어 보고자 합니다. 인문학을 이해하는 것은 참으로 어려운 일이지만, 그림과 건축과 도시를 통해 인문학의 정수에 보다 쉽게 접근할 수 있습니다.

저는 20세기를 다섯 단계로 보았습니다. 첫 단계는 20세기가 시작된 1900년대 초반입니다. 2000년에 들어서자 전 세계 사람이 흥분했습니다. 이전 2000년 동안의 역사와는 다른 새로운 것을 만들어야겠다는 생각을 했고, 실제로도 그런 움직임들이 있었습니다. 산업혁명이나 르네상스 시대와 그 이후의 바로크와 로코코 시대에는 전부 역사에 기반을 둔 건축과 미술이 이루어졌습니다. 그런데 20세기에 들어와 과거와 단절한 새로운 건축 형식과 미술이 탄생합니다. 저는 그것을 20세기의 첫 단계로 봅니다.

두 번째 단계는 제1차 세계대전입니다. 끊임없이 일어났던 전쟁이 사라진 뒤 근 30년 동안 전쟁이 없었습니다. 그러한 번영을 딛고 제1차 세계대전이 일어난 것입니다. 1200만 명을 살생한 제1차 세계대전이 끝나자 한동안 전쟁 특수가 생겼습니다. 그 후 인류가 경험하지 못했던 대공황이 찾아왔습니다. 미국에서만 3000개의 은행이 파산하고 1200

만 명의 실업자가 생겼습니다. 그 처참함은 이루 말할 수 없었습니다.
　세 번째 단계로 제2차 세계대전부터 한국전쟁 때까지의 기간을 살펴보고자 합니다.
　네 번째는 우주 경쟁과 생명공학의 시기입니다. 이때 인공위성을 쏘아서 띄우고 생명의 신비를 밝히기 시작했습니다. 그것이 제2차 세계대전 이후 1960년대에서 1980년대까지입니다.
　마지막 단계는 탈냉전의 시대입니다. 1991년 소련 공산당이 해체되고 전 세계에 포스트모더니즘과 해체주의가 등장하면서 건축과 도시, 미술에서도 큰 변혁이 일어났습니다.
　그런 다섯 단계를 살펴보고 난 뒤 지난 10년 동안에는 무엇이 일어났는지를 설명하고자 합니다.

1. 1900년대 새로운 문명의 집

　1900년 일본까지 가세한 세계 열강에 의해 베이징이 점령당했습니다. 중국 5000년 역사상 없었던 일입니다. 한국도 일본에 합병되었습니다. 1906년에는 상대성원리가 발표되었습니다. 그때부터 양자역학이 일어나고 거대한 우주부터 극세한 세상의 원리까지 알고자 했습니다. 이것이 20세기 최초의 변화입니다.
　20세기의 문을 연 건축은 사그라다 파밀리아 성당입니다. 이 성당은 바르셀로나 올림픽으로 인해 다들 잘 아시는 안토니오 가우디 Antoni Gaudi(1852~1926)의 작품입니다. 쾰른 대성당을 연상시키기는

사그라다 파밀리아 성당

하지만 20세기의 새로운 문명이 없었다면 세울 수 없었던 건축물입니다. 20세기 초에 착공해 현재까지 짓고 있습니다.

사그라다 파밀리아와 쌍벽을 이루는 카사밀라는 '밀라'라는 이름을 가진 큰 부자의 저택입니다. 사그라다 파밀리아와 카사밀라가 혁명적이었던 이유는 철골, 콘크리트, 벽돌 등 건축을 만든 소재와 형태가 어느 정도 일치했던 기존의 건축과 달랐기 때문입니다. 과거 건축의 기본적인 구성 요소는 직선이었습니다. 그런데 가우디는 철골 구조로 굉장히 자유로운 평면을 만들어 새로운 건축의 세계를 창조했습니다. 가우디는 글을 통해 카사밀라의 외부는 바닷속에서 암초 사이를 다니는 모습을 상징한다고 했습니다. 굉장히 특이할 것 같지만, 바

카사밀라와 그 내부

르셀로나에 직접 가서 보면 그다지 특이한 느낌이 들지 않습니다. 도시가 건물을 만들어 낸 것 같다는 느낌이 듭니다.

    카사밀라의 내부는 직접 가서 보셔야 합니다. 카사밀라 안에 들어가 보면 정말 찬란합니다. 가우디가 일일이 전부 디자인했습니다. 제가 대학교 2학년 때 처음 만든 작품이 실은 카사밀라를 흉내 낸 것이었습니다.

　서울에서 가우디 전시회를 했는데, 관람객이 별로 없었습니다. 그때 조선일보에서 저에게 원고를 의뢰해 가우디에 대한 글을 썼습니다. 글의 주제는 '위대한 건축은 천재가 만드는 것인가, 시민이 만드는 것인가'였습니다. 처음에는 천재가 시작하지만 그것을 가능케 하는 것은 시민이라는 요지의 글이었습니다. 그것 때문인지 다시 전시회를 보러 갔을 때는 저도 한 시간을 기다려야 했습니다. 당시 저희 막내가 대학 시험을 봤는데, 제 글이 시험 문제로 나왔습니다. 아마 출제위원들이 갇힌 상태라 신문밖에 못 보니까 제 글을 읽고 낸 모양입니다.

　평생을 건축에 헌신한 가우디는 사그라다 파밀리아 성당 건설 현장에 갔다 오는 길에 전차에 치어 죽었습니다. 게다가 워낙 검소했기 때문에 누군지 몰라본 채 역병자와 함께 두었다가 이틀 후에 발견했습니다. 발견된 뒤에는 바르셀로나 전 시민이 울면서 운구 행렬을 따라가 도시 전체의 교통이 마비될 정도였습니다. 바르셀로나라고 하면 우리는 피카소를 생각하지만, 실제로 가 보면 가우디의 도시입니다. 모든 사람이 가우디에 대해 이야기하고 자랑스럽게 생각합니다. 바르셀로나 올림픽 때 내세운 것 또한 가우디의 작품이었습니다.

　20세기 초에는 비엔나가 세계 인문학의 중심이었습니다. 지그문트 프로이트Sigmund Freud(1856~1939)가 『꿈의 해석』을 냈고, 루트비히 비트겐슈타인Ludwig Josef Johan Wittgenstein(1889~1951)이 『논리 철학 논고』를 썼으며, 구스타프 말러Gustav Mahler(1860~1911)가 위대한 교향곡

지그문트 프로이트, 루트비히 비트겐슈타인, 구스타프 말러

을 연이어 작곡하던 때입니다. 그 당시 이들을 후원한 사람이 오토 바그너Otto Wagner(1841~1918)라는 건축가였습니다.

비엔나는 20세기 초부터 급속도로 변하기 시작했습니다. 전차가 가설되고 철도가 건설되었습니다. 철도와 전차에 의해 도시 구조가 완전히 바뀌었습니다. 도시 형태가 철도와 전차에 의해 바뀌고, 철도역과 전차역이 새로운 도시의 중심이 되었습니다. 그때부터 교통수단이 인간을 도시에서 서서히 밀어내기 시작했습니다.

천년 도시 비엔나가 부서지는 것을 막기 위해 오토 바그너가 여러 도시 계획안을 발표했습니다. 당시 아돌프 로스Adolf Loos(1870~1933)라는 바그너 못지않은, 어떻게 보면 오히려 더 평가받는 건축가가 있었지만 매일 살롱에서 여자들과 놀 뿐 변화하는 사회에는 아무런 참여도 하지 않았습니다. 그런데 오토 바그너는 끊임없이 비엔나의 도시화와 철도화에 관한 대안을 내놓고 철도역들을 직접 설계했습니다.

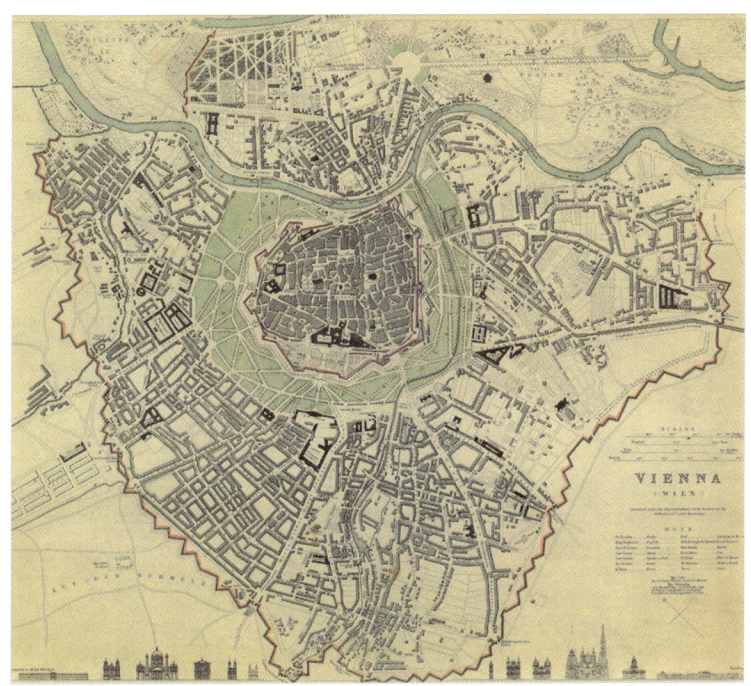
20세기 초의 비엔나

또한 철도역을 만들면서 운하를 팔 수밖에 없자 그 운하도 설계했습니다. 바그너가 바쁜 중에 책도 쓴 것은 건축을 통해 깨달은 바를 남들에게 전하는 것이 비엔나를 위하는 길이라고 생각했기 때문입니다. 제가 열 권 넘는 책을 썼던 것도 바그너에게 받은 영향이 아닌가 싶습니다.

바그너의 최대 걸작은 비엔나 우체국입니다. 지금도 마찬가지입니다만 당시의 우체국은 은행의 기능을 가지고 있었습니다. 일본의 우정국 민영화가 전국을 흔들어 놓았듯이, 비엔나의 우체국도 큰 힘을

비엔나 우체국과 그 내부

〈자화상〉과 〈아비뇽의 처녀들〉, 피카소, 1907년

가진 곳이었습니다. 바그너는 빈의 상류 사회 사람이었는데도 민중의 공간을 궁전같이 만들어야 한다는 생각을 했습니다. 우체국은 누구나 들어가는 곳이기 때문에 비엔나의 우체국 내부 공간을 여느 궁전 못지않게 만들었습니다.

파블로 피카소 Pablo Ruiz Picasso(1881~1973)가 그린 〈아비뇽의 처녀들〉은 현대 미술의 지축을 흔들어 놓을 정도로 큰 영향을 미친 그림입니다. 그는 이 그림을 아무에게도 보여주지 않고 1년 동안 그렸습니다.

피카소는 어느 누구보다 그림을 잘 그리는 사람입니다. 중학교 때 그렸던 그림은 스스로 "라파엘을 뛰어넘었다"고 할 정도로 완성도가 높았고, 20대에는 미술이 표현할 수 있는 정수를 보여주었습니다. 더

〈파이프를 든 소년〉, 1905년과 〈드림〉, 1932년

이상 잘 그릴 수 없는 그림을 그렸던 것입니다. 그러다가 어느 날 〈아비뇽의 처녀들〉을 그렸습니다.

피카소는 아프리카 조각들을 광적으로 수집할 정도로 아프리카 미술에 관심이 많았습니다. 뉴욕현대미술관 모마MoMA에서 '아프리카 미술이 현대 미술에 끼친 영향'을 주제로 전시회를 한 적도 있었습니다. 당시 줄이 하도 길어 밀려서 다닐 정도로 엄청난 관심을 받았습니다. 그때 가장 먼저 전시되었던 작품이 〈아비뇽의 처녀들〉일 정도로, 이 그림은 아프리카 미술의 영향을 깊이 받았습니다.

피카소가 1905년에 그린 〈파이프를 든 소년〉은 얼마 전 사상 최대의 가격으로 팔렸습니다.

또 다른 작품 〈드림〉은 간츠라는 의사가 산 뒤 자기 집 거실 벽에 걸어 두어 어디에도 발표되지 않았던 그림입니다. 이 그림에서는 피카소다운 미술 혁신과 별난 유머러스함을 볼 수 있습니다. 여인의 머리가 남자의 성기 모양을 하고 있습니다. 〈드림〉이 옥션에 나왔을 때, 직접 가서 보고 집을 팔아서라도 사야겠다고 생각했습니다. 작심하고 참가 신청을 한 뒤 비딩(呼價)을 하러 크리스티 옥션에 갔습니다. 경매 시작가가 10억 정도였기에 15억까지는 내가 비딩을 해 보겠다고 생각했습니다. 그런데 570억에 팔렸습니다.

2. 제1차 세계대전과 대공황

목포 일대에는 아직도 해상 도적들이 있습니다. 농부는 비가 올지 가물지 신경 쓰고 병충해를 예방해야 하며 피도 뽑아야 하는 데 비해 어부는 그냥 물고기를 잡아 오는 것 아니냐고 생각하는 사람이 많지만, 그렇지 않습니다. 제가 목포에서 일주일 정도 지내 봤습니다. 어부는 새벽 4~5시, 한 시간 사이에 물고기들이 지나갈 흐름을 기다리고, 잡은 물고기를 끝없이 손질해야 합니다. 그런데 그렇게 잡은 것을 해상에서 도적당해도 법의 보호를 받을 수 없습니다. 농부나 어부의 일은 다 하늘과 인간이 함께하는 작업입니다.

전쟁이라는 것이 인류의 이념 충돌만으로 일어나는 것은 아닙니다. 전쟁이 가장 부가가치가 높고 남는 장사기 때문에 일어나는 것입니다. 전쟁은 새로운 기술을 낳았고, 그 새로운 기술로 인해 경제가 성장했습니다. 그러다 어느 날 대공황이 발생했습니다. 아직도 두 차례의

1932년의 대공황 당시 일자리도 없고 집도 없는 사람들이 뉴욕 시립 숙박소 앞에서 무료 저녁 식사를 하려고 길게 줄지어 서 있는 모습

세계대전 후에 일어난 대공황에 대한 경제학자들의 의견이 일치한다고 보기는 어렵습니다.

지금이 금융 위기라고 합니다. 제가 보기에 이 금융 위기는 쉽게 끝나지 않고 오래갈 것입니다. 지금 우리는 전 세계에 돈을 풀어 위기를 해결하려 하고 있습니다. 돈을 풀면 일단은 해결됩니다. 그러나 어느 단계에서 풀린 돈이 다시 한곳으로 몰려 금융 부조화를 초래하고 맙니다.

대공황 당시 3000개의 은행이 파산했습니다. 우리가 대공황을 통해 배워야 할 점입니다. 우리의 경우도 파산을 해야 살 수 있는데, 산소마스크를 씌워 놓았습니다. 그건 살아 있는 것이 아닙니다. 우리나라에는 아직도 1997년 외환 위기 때 씌워 놓은 산소마스크로 생명을 유지하는 은행들이 태반입니다. 미국은 3000개의 은행을 파산시키고 1200만 명의 실업자를 방치했습니다. 그래야 다시 살아날 수 있습니다. 인기를 중요시해 그때그때 국민에게 잘 보이고 싶어 하는 사람이 리더가 되면 공황은 오래갈 수밖에 없습니다.

제1차 세계대전 후인 1919년 바이마르공화국이 성립되었습니다. 제1차 세계대전의 전범戰犯인 독일이 죄를 씻기 위해 인류의 이상적인 나라를 만들고자 해서 만든 나라입니다. 그때 건축계를 이끌었던 사람이 발터 그로피우스Walter Adolph Georg Gropius(1883~1969)였습니다. 그로피우스는 1919년부터 1928년까지 그가 창립한 바우하우스의 초대 교장으로 있었습니다. 바우하우스는 그의 대표적인 건축물이기도 합니다. 그 뒤 1937년 미국으로 건너가 하버드대학교에 건축과를 만들어 세계 건축계의 지도자가 되었습니다.

발터 그로피우스 뒤에 시카고 트리뷴 타워 현상 설계에 냈던 작품이 걸려 있다.

그로피우스는 천재적인 건축가이기보다 위대한 리더였습니다. 그는 항상 뛰어난 파트너를 찾았습니다. 처음 사무실을 차릴 때나, 하버드대학교 건축대학장으로 부임하고 TACThe Architects Collaborative(건축설계공동체)를 만들었을 때도 본인이 직접 스케치한 적이 없었습니다. 스케치가 하나도 없는 건축가입니다. 그러나 모든 사람을 일하게 하고 더 큰 것을 만들어 내게 하는 힘이 있었습니다. 하버드대학교 건축과가 늦게 생겼는데도 세계적인 건축가들을 많이 배출한 것은 그로피우스 덕분입니다.

그로피우스의 비서도 건축가였습니다. 나와 매우 친해진 중국의 대표 건축가 타오 박사의 말에 따르면, 그로피우스가 스튜디오에 다녀간 날과 다녀가지 않은 날은 다르다고 합니다. 영어에 서툰 그로피우

바우하우스 전경과
바우하우스를 상징하는 타이포그래피

스가 작품을 들여다보고 간단한 말과 표현만 해도 사람들이 달라졌다고 합니다. 그럴 정도의 카리스마가 있었다고 합니다.

미국의 대공황은 제1차 세계대전에서 패망한 유럽의 대반격이었습니다. 당시 미국의 희망을 세운 것이 뉴욕의 엠파이어 스테이트 빌딩과 크라이슬러 빌딩이었습니다. 두 건물은 미국의 reunion과 re-create, rebirth를 상징했습니다. 기사회생한 미국이 최대 강국이라는

크라이슬러 빌딩

것을 과시하는 준핵무기 같은 건물이었습니다.

 엠파이어 스테이트 빌딩에서 미국의 의지는 읽히지만 의지가 승화된 아름다움은 느낄 수 없습니다. 크라이슬러 빌딩은 당시 예술의 정화였던 아르데코Art deco* 최고의 걸작입니다. 크라이슬러사의 어떠한 자동차보다도 아름답습니다. 크라이슬러 빌딩이 서 있음으로 해서 맨해튼은 여전히 아름답습니다. 저는 초고층 건물에 대해 부정적인 시각을 갖고 있지만, 크라이슬러 빌딩 정도면 용서할 수 있지 않을까

---

* 1925년 파리에서 열린 '현대장식미술·산업미술국제전'에서 비롯된 이름으로, '1925년 양식'이라고도 한다. 기계를 통한 대량 생산의 시기를 맞이하면서 과거 수공업 생산 시절 흐르는 듯한 곡선을 즐겨 사용했던 아르누보 양식에서 벗어나 패턴의 반복, 동심원, 지그재그 등 기하학적인 형태를 추구한 예술 양식이다.

록펠러센터

하는 생각을 합니다.

 지방자치단체에서 저에게 랜드마크가 될 건물을 설계해 달라는 부탁을 많이 합니다. 구겐하임 빌바오 미술관을 설계한 프랑크 게리 Frank Gehry에게 300억을 줄 테니 우리 도시에 랜드마크를 만들어 달라던 멍청한 시장도 있었습니다. 랜드마크에 집착하는 지방자치단체장은 도시와 광장과 건축을 혼동하는 분들입니다.

 한 도시에 사는 사람들의 삶의 구역을 만들어 나가는 것이 더 중한 일입니다. 초고층 건물이 불가피한 경우라 하더라도 하나의 건축군을 이루게 해서 도시의 공간군을 만들어 내는 것이 중요합니다.

 록펠러센터는 여러 개의 건물로 건물의 교향곡을 만들었습니다. 강

칸딘스키와 그의 그림
〈여러 개의 원〉, 1926년(위)
〈구성 8〉, 1923년(아래)

남의 삼성타운이 그나마 록펠러센터의 정신을 조금은 가지고 있지만, 그들만의 천국을 목표로 했기 때문에 다릅니다. 록펠러센터는 모든 뉴욕 사람의 공공 건축입니다.

러시아 출신의 화가 바실리 칸딘스키Wassily Kandinsky(1866~1944)는 아무 대상하고도 연결되지 않는 그림을 그렸습니다. 추상화가 탄생한 것입니다. 〈아비뇽의 처녀들〉을 통해서는 흑인, 창녀, 여자의 몸 등

많은 상상을 하지만 〈여러 개의 원〉은 그 자체가 물체입니다.

칸딘스키의 〈구성 8〉은 아무 뜻이 없어 보입니다. 그러나 아무 뜻이 없는 가운데 뜻이 있는 겁니다. 사람도 그렇지 않습니까. 칸딘스키의 그림은 그냥 보고 느끼면 됩니다. 저는 지난 3년 동안 식도가 없어 바로 눕지 못하고 45도로 누워서 자야 했습니다. 처음에는 병원 침대를 사용했는데, 너무 비감해서 지금은 다섯 개의 베개를 씁니다. 그렇게 하면 글로 된 책은 읽기가 어렵습니다. 대형 문고에 있는 그림 관련 책을 모두 사서 그림을 계속 보다 보니까 칸딘스키와 마티스와 프랜시스 베이컨이 보이기 시작했습니다.

3. 제2차 세계대전과 이후 10년의 세계

제2차 세계대전 이후 한국전쟁 때까지의 건축과 도시, 미술, 인문학에 대한 이야기해 보겠습니다.

앨런 튜링Alan Mathison Turing(1912~1954)은 우리가 현재 쓰고 있는 컴퓨터를 만든 사람입니다. 미국에서 '에니악'을 만들기 2년 전에 이미 연산 컴퓨터 '콜로서스'를 만들어 냈습니다. 제2차 세계대전 때 영국 암호 부대에 들어가서 독일의 암호기인 '에니그마'의 암호 체계를 해독하고, 독일이 노르망디 상륙작전을 모르고 있다는 것까지 알아냈습니다. 암호를 해독하기 위해 2진법의 장치를 만들어 낸 것이 바로 최초의 컴퓨터입니다.

앨런 튜링은 영국을 살아남게 만든 사람인데도 동성연애자라는 이유로 엄격한 처벌을 당했습니다. 징역살이를 할 것인지 투약을 할 것인지를 선택하게 했습니다. 그가 선택한 투약은 대량의 여성 호르몬을 써서 몸을 여성화시키는 것이었습니다. 판사의 명령에 따라 감독관이 매번 직접 주사를 놓았습니다. 그 결과 유방이 나오고 정신을 집중하기가 힘들어졌습니다. 결국 앨런은 사과에 청산

앨런 튜링을 기념하기 위해 만들었다는 애플 사의 로고

가리를 집어넣어 한 입 깨물고 죽었습니다. 스티브 잡스는 애플사를 창립할 때 앨런 튜링을 추모하기 위해 한 입 베어 먹은 사과 모양의 로고를 만들었습니다. 그는 수학과 미술의 극치를 집합한, 제가 가장 존경하는 천재였습니다. 오늘 우리 문명은 앨런 튜링 없이는 없었거나 훨씬 뒤에 나타났을 것입니다.

앨런 튜링과 제2차 세계대전 당시 독일의 암호 작성과 해독에 쓰인 암호기

〈한국에서의 학살〉, 1951년

　피카소의 그림 가운데 수준이 낮은 그림이 많습니다. 피카소가 한국전쟁을 주제로 그린 〈한국에서의 학살〉이라는 그림은 피카소가 한국전쟁의 의미를 제대로 알았다고 보기도 어렵고 그림으로도 삼류입니다. 피카소의 〈한국에서의 학살〉은 지식인의 현실 참여가 이렇듯 엉성할 수도 있다는 것을 보여줍니다. 위대한 작품일 때 현실 참여가 이루어지는 것입니다. 문인들이 모여 시국 선언을 한다고 해서 현실 참여가 되는 것은 아닙니다. 좋은 작품을 써서 현실을 개혁해야 합니다. 현실을 직시하고 현실의 비지성적인 면을 고발하는 작품이 되어야 합니다. 그러나 〈한국에서의 학살〉은 솜씨 있는 사람의 잘 그린 그림일 뿐입니다. 피카소도 이럴 때가 있습니다.
　피카소의 〈게르니카〉는 정말 위대합니다. 독일군이 "당신이 〈게르니카〉를 그린 사람이냐"고 물었을 때 피카소는 "〈게르니카〉는 당신들이 그린 것이다"라고 답했습니다. 그런 그림을 그려야 합니다.

1·2. 유니테 다비타시옹과 내부의 복도 내부에서 쉴 수 있는 공간을 두었다. 집 속에 집과 공원이 있다.
3. 르 코르뷔지에

제2차 세계대전 이후 20세기 건축과 도시설계는 르 코르뷔지에Le Corbusier(1887~1965)가 끌고 왔습니다. 프랑스 마르세유에 있는 유니테 다비타시옹은 그가 설계한 최초의 현대적인 아파트입니다. 이 아파트는 복층으로 이루어져 있습니다. 단순한 복층이 아니라 아파트 중간에 공공 공간을 두어 옥상 정원을 만들고, 지상을 필로티pilotis로 띄워서 원래의 자연을 그대로 살려 두었습니다. 건물 안에 호텔도 있습니다. 손님이 오면 그 호텔에서 잡니다. 태양과 녹지와 공동 시설이 함께하는, 20세기에서 가장 괄목할 만한 곳입니다.

20세기 건축계에 세 명의 천재가 있었다고 합니다. 한 명이 르 코르뷔지에고, 또 다른 한 명은 글라스타워를 처음으로 창조한 미스 반 데어 로에Ludwig Mies van der Rohe(1886~1969)입니다. 미스는 1918년에 유리로 된 고층 건물을 세우자고 제안했습니다. 제2차 세계대전 이후 히틀러는 수많은 유대인과 독일의 지식인들을 미국으로 내보냈습니다. 그때 미스도 미국으로 갔습니다. 하버드대학의 초대를 받았으나 그로피우스가 하버드대학으로 가고, 미스는 모든 설계를 위임하는 조건으로 시카고 주립대학의 건축학부를 맡았습니다.

우리나라의 건축대학이 처음 5년제가 되었을 때, 서너 군데에서 저를 초대했습니다. 그때 제가 요구한 것은 교수 임명권과 설계원을 만드는 것과 일주일에 한 번씩 수업을 하는 것이었습니다. 미스의 조건과 비슷하게 내건 것입니다. 그것을 수락한 곳이 명지대학교였습니다. 7년 동안 일주일에 한 번씩 학교에 나갔습니다. 그러나 특성화 대학으로 선정되어 정부로부터 50억 원을 받았고, 서울대학교를 제치고 1위로 국제 인증을 받았으며, 학생들은 건축상을 휩쓴 뒤 하버드·예일·컬럼비아 대학 등에 진학했습니다.

20세기 건축의 3대 거장 가운데 가장 위대한 마지막 한 명은 프랭크 로이드 라이트Frank Lloyd Wright(1867~1959)입니다. 라이트의 건물

미스의 크라운 홀 일리노이 공대 건축과의 건물이다.

가운데 가장 유명한 것이 미국 펜실베이니아의 숲 속에 있는 낙수장입니다. 동양 건축은 자연과 순응하지만 서양 건축은 자연을 거스른다고 생각하는 경우가 많은데, 낙수장은 어떠한 동양 건축보다도 자연과 일체를 이룬 집입니다. 이 집을 소개하는 이유는 라이트가 지금의 제 나이와 같은 예순여섯 살 때 설계한 것이기 때문입니다. 제가 지금 비슷한 규모의 집을 제주도에 설계하고 있습니다. 자연은 펜실베이니아보다 못하지만 세워진 건축은 그만한 것을 한번 해 보려 합니다.

우리가 배워야 할 도시 문명의 정수는 미국 뉴욕의 타임스 스퀘어에 있다고 생각합니다. 타임스 스퀘어에는 한때 100개가 넘는 뮤지컬

낙수장과 낙수장의 내부

극장이 있었고, 200여 개의 레스토랑이 있었습니다. 바로 도시 문화라는 것이 타임스 스퀘어에 있었습니다. 지식인들은 대부분 책을 읽어 지식인이 된 것이지, 도시 문명의 다양한 면을 직접 경험하지는 않는 것 같습니다. 제가 맨해튼에 있다가 돌아오면 가장 그리운 곳이 타임스 스퀘어입니다. 콘서트홀과 뮤지컬도 보고, 모던아트 뮤지엄과 세상에서 가장 큰 도서관인 퍼블릭 라이브러리와 다양한 극장들도 다 가 볼 수 있는 도시 문명의 즐거움이 있는 곳이 타임스 스퀘어입니다. 서울은 인구 천만의 도시임에도 그런 곳이 없습니다.

제가 압구정에 살 때 인구가 3만이었습니다. 그러나 거기에는 비디오가게가 하나 있을 뿐 책방조차 없었습니다. 그때 제가 현대백화점

타임스 스퀘어

옆의 주차장을 지하로 집어넣고 그곳에 도서관을 만들자는 제안을 했습니다. 저명한 사람들로 이루어진 주민대표 50명과 회의를 했습니다. 그들은 도서관을 지으면 다른 동네 사람들이 와서 읽을 것이고, 지금 우리에게는 부족한 것이 없다며 반대했습니다. "인구 3만에 도서관이 없는 곳이 어디 있습니까. 여러분과 20년 넘게 한동네에 산 것이 내 생애 가장 슬픈 일입니다"라고 말하고 나왔습니다.

타임스 스퀘어에 가면 극장과 레스토랑만 있는 것이 아니라 사람이 있습니다. 사람과 사람이 부대껴 사는 것이 바로 도시에 사는 것입니

밤의 도시 라스베이거스

다. 세기의 천재 앨런 튜링도 자기가 가장 많은 배움을 얻은 것은 사람과의 만남에서였다고 말했습니다. 압구정동은 만날 만한 사람이 없는 도시 마을입니다.

라스베이거스는 20세기가 만들어 낸 기적 같은 도시입니다. 노름판의 도시를 만들어 놓고 그것을 정당화하기 위해 컨벤션센터와 여러 개의 박물관을 지었습니다. 또 한 가지 특이한 점은 '밤의 도시'라는 사실입니다. 낮에 라스베이거스에 서 있으면 할 일도 없고 갈 곳도 없는데, 밤이 되면 이 세상 어디에도 없는 도시가 탄생합니다. 에디슨이 전기를 발명하기 전에는 밤에 밖에서 활동한다는 것은 거의 불가능한 일이었습니다. 라스베이거스는 사막 한가운데 있는 밤의 도시이자 인스턴트 시티입니다. 여기 사는 사람들에게는 모두가 이웃입니다. 모든 주거가 호텔로 이루어지고 모두가 새롭게 만나는 밤의 '인스턴트 시티'를 만들었습니다. 20세기 문명이 이룬 기적 가운데 하나가 라스베이거스입니다. 근대나 중세에는 상상도 못했던 도시입니다.

4. 1960~1970년 우주공학과 유전공학의 시대

나이 든 분들은 1957년 스푸트니크 1호*가 발사되던 순간을 감격

---

* 소련 연방이 1957년 10월 4일에 발사한 세계 최초의 인공위성. 스푸트니크 1호의 성공적인 발사는 미국과 서방 자본 국가들에게 위기의식을 불러일으켜 이때부터 본격적인 우주 개발 경쟁이 시작되었다. 스푸트니크 1호는 3개월 뒤인 1958년 1월 4일 소멸했다.

스푸트니크 1호의 발사 성공을 기념하는 우표(왼쪽)
DNA 이중나선 모형을 보고 있는 왓슨과 크릭(오른쪽)

적으로 기억할 것입니다. 전 세계가 놀라고, 미국은 큰 충격을 받았습니다. 그 후 우주 개발 경쟁이 치열했기 때문에 오늘의 우리가 누리는 첨단과학이 탄생한 것입니다. 이보다 앞선 1953년 4월 제임스 왓슨 James Watson(1928~)과 프랜시스 크릭 Francis Crick(1916~2004)은 생명의 기본 단위인 DNA 이중나선*을 발견했습니다.

바로 그즈음 르 코르뷔지에가 이전 누구도 상상하지 못했던 조각과

---

* 유전 정보를 담은 화학물질인 DNA는 뼈대와 염기로 구성된다. 바깥쪽의 뼈대는 인산과 당, 안쪽의 염기는 아데닌, 티민, 구아닌, 시토신의 네 가지로 이루어져 있다. 이 가운데 아데닌은 티민과, 구아닌은 시토신과 이루는 염기쌍의 수소 결합에 의해 상보적인 두 개의 DNA 사슬이 결합해서 이중나선 구조를 형성한다. 이러한 염기쌍의 상보적인 구조를 바탕으로 DNA의 복제 메커니즘을 알 수 있다. 1953년 4월 25일 왓슨과 크릭이 과학저널 『네이처』에서 DNA 이중나선의 구조를 밝힌 논문을 발표했고, 그 공로로 1962년 노벨 생리의학상을 수상한다.

롱샹교회와 그 내부

건축과 회화가 시간 속에 융화된 롱샹교회를 발표했습니다. 세계적인 건축가 100명에게 20세기를 증언할 건물이 무엇인가 물었을 때, 57명이 지지한 건물이 바로 100평이 안 되는 아주 작은 교회 롱샹입니다. 큰 규모의 건축이 위대한 건축이 되기가 오히려 힘듭니다.

롱샹교회는 프랑스 동부의 작은 시골 마을인 롱샹에 있는 순례자의 교회로, 찾아가기가 굉장히 어렵습니다. 르 코르뷔지에는 롱샹교회를 설계하면서 기존의 교회 공간 형식에 새로운 빛과 그림자의 공간이 대지와 조화를 이루는 완전히 새로운 형식의 건축을 탄생시켰습니다. 건축의 장식을 배제하고 조형성과 공간성이 교회 기능을 충실히 수용하는 인간 중심의 공간을 추구한 그의 건축 철학을 보인 롱샹으로 해서 현대 건축의 기본 개념이 바뀌어 가고 있습니다. 롱샹교회까지 찾아갔다가 하도 감동적이어서 맨 정신으로는 볼 수가 없어 다시 마을로 내려가 와인을 두 병 사 왔던 기억이 납니다. 그때의 감동을 아직도 잊지 못합니다.

맨해튼에 있는 WTC World Trade Center(세계무역센터)는 2001년 9·11 테러로 파괴된 이후 2003년에 WTC 재건축 설계 국제 공모를 했습니다. 조지 파타키 뉴욕 주지사와 마이클 블룸버그 뉴욕 시장은 다니엘 리베스킨트의 설계안을 당선작으로 발표했습니다. 그러나 저는 그라운드 제로를 그대로 두는 것이 더 좋다고 생각했습니다. 상업적으로는 상상할 수도 없지만 지하 100층을 파서 세계에서 가장 깊은 곳에 지하 도시를 만들고, 그라운드 제로를 그냥 두는 것보다 더 좋은 안은 없다고 생각했습니다. 마침 컬럼비아 건축대학원에서 가르치고 있을 때여서 응모하고자 했으나 새만금 일로 바빠 참가하지 못한 일을 지

WTC와 9·11 테러로 불길에 휩싸인 WTC(위)
WTC 재건축 설계 국제 공모에 당선된 다니엘 리베스킨트의 안을 수정해서 만든 최종 안(아래)
2013년 완공을 목표로 현재 건설 중이다. 좋은 건축이라고는 생각되지 않는다.

금도 아쉽게 생각합니다.

1960년대 초 브라질에서 신수도를 만들 계획으로 브라질 땅의 중심이라 생각되는 위치에 브라질리아라는 인구 200만의 도시를 만들었

오스카 니마이어와 브라질리아 계획도

습니다. 브라질리아를 설계한 오스카 니마이어Oscar Niemeyer(1907~)는 현재 100세가 넘었습니다. 브라질리아는 날개를 편 거대한 제트기 모양을 하고 있으며, 비행기 조종실에 해당하는 곳에 정부종합청사들을 두었습니다. 그러나 정작 브라질리아에 가 보면 오스카 니마이어의 몇몇 기념비적인 건축만 보일 뿐 20세기 신도시라고 할 만한 도시 형상과 내용은 찾아보기 어렵습니다.

인도의 찬디가르는 르 코르뷔지에의 작품입니다. 네루 수상이 인도와 파키스탄 사이의 펀자브 지역에 신수도를 만들면서 르 코르뷔지에를 초대했습니다. 르 코르뷔지에는 초대를 받고 마스터플랜을 짠 후 최정상부의 정부청사 부분에 대성당, 대통령궁, 대법원, 정부종합청사와 국회의사당 등을 만들었습니다.

브라질리아는 21세기의 인류 문화유산으로 지정되었지만 좋은 도

1. 고등법원 2. 국회의사당
3. 종합청사 4. 찬디가르 마스터플랜

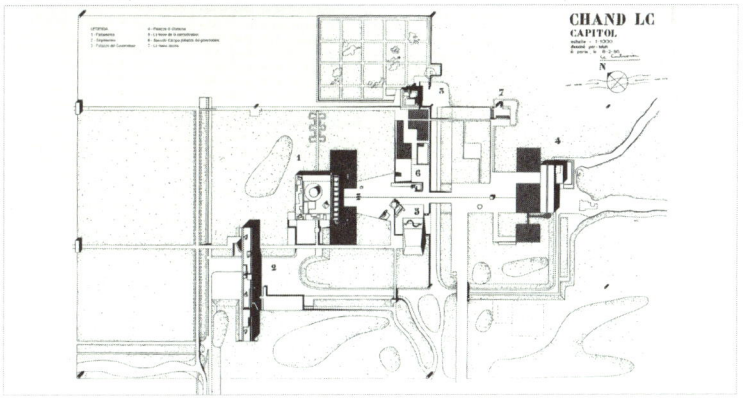

시라고 볼 수는 없습니다. 찬디가르도 정부청사 구역은 세계적인 걸 작이지만 정작 도시 자체는 경쟁력도 없고 아름답지도 않은 도시가 되었습니다. 좋은 도시라고 하면 첫째 경쟁력이 있어야 하고, 둘째 사

프랜시스 베이컨, 〈Self-Portrait〉, 1969년 · 〈Study for Self-Portrait〉, 1964년(위)
3연작 〈Three Studies for a Crucifixion〉, 1962년(아래)

람들이 도시적인 삶의 질을 느낄 수 있어야 하며, 셋째로 당연히 아름다워야 합니다. 브라질리아와 찬디가르 모두 좋은 도시에 해당된다고 보기는 어렵습니다.

건축이 혁명을 말하면서 구태를 벗어나지 못할 때, 화가들은 미술의 신기원을 만들고 있었습니다.

제가 런던에서 충격을 받은 것은 화가 프랜시스 베이컨Francis Bacon (1909~1992)의 작품 때문입니다. 이 사람은 스푸트니크나 DNA가 없었으면 이런 그림을 그리지 않았을지도 모릅니다. 인간의 몸이 가진 원초적인 모습을 그렸습니다. 그의 유명한 3연작을 보고 한 시간을 그 앞에 서 있었습니다.

5. 1980~1990년 탈냉전 시대의 세계

탈냉전의 시대는 공산당의 몰락과 포스트모던과 해체주의로 이어집니다.

로버트 벤츄리Robert Charles Venturi Jr.(1925~)의 유명한 작품 가운데 1961년 어머니를 위해서 설계한 바나 벤츄리 하우스가 있습니다. 미

로버트 벤츄리와 그가 어머니를 위해 설계한 집

킴벨 미술관과 그 내부

국 펜실베이니아에 있는 이 집의 의미는 역사적 건축 어휘와 모티프들을 과감하게 현대 건축의 어휘로 끌어들인 점입니다. 사진으로 보는 것보다 직접 가서 보면 참으로 감동적이고 아름다운 건물입니다.

미국 남부 텍사스에 있는 킴벨 미술관은 20세기를 대표하는 건축가 루이스 칸Louis Isadore Kahn(1901~1974)의 대표작 가운데 하나입니다. 빛에 대한 칸의 건축관이 가장 잘 드러난 건물입니다. 이 건물을 기증한 사람이 "내 컬렉션보다 이 집이 더 훌륭하다"고 할 정도의 건축입니다.

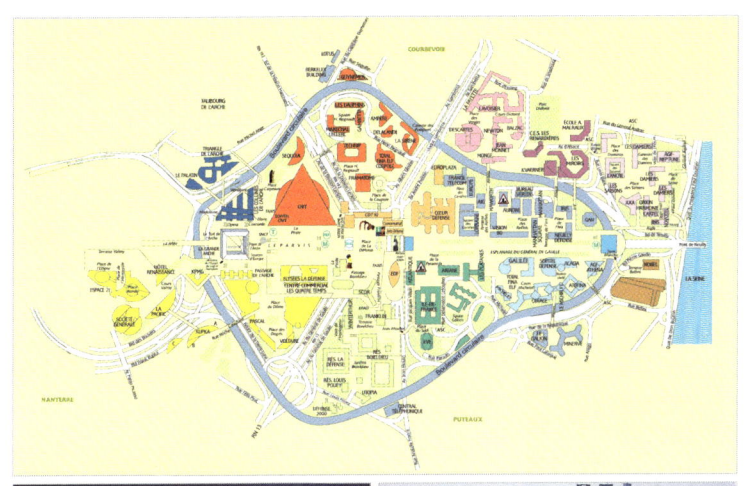

위에서 본 파리　옛 파리 시가지 너머 멀리 라데팡스가 보인다.
라데팡스 배치도, 그랑드 아르슈

　1958년 프랑스 파리 서부 외곽에 새로운 개념의 신도시가 생겼습니다. 라데팡스입니다. 라데팡스가 경제적으로 성공을 거두지 못한 이유는 파리 구시가지와의 거리감 때문이었습니다. 그러나 미테랑이 대통령이 된 뒤 라데팡스와 파리 시내를 지하철 단 한 구역으로 연결시키고 에펠탑과 짝을 이루는 신개선문 그랑드 아르슈를 만들자, 그랑드 아르슈와 지하철을 통해 옛 파리와 라데팡스가 하나로 연결되었습니다.

포츠다머 플라츠 왼쪽 윗부분의 육각 흰색 지붕을 가진 건물이 베를린 필하모닉 홀이다.

    1989년 베를린 장벽이 붕괴되고 독일이 통일되면서 베를린 동남쪽에 포츠다머 플라츠를 만들었습니다. 포츠다머 플라츠 이전에 세워진 베를린 필하모닉홀은 아름답고 음향이 훌륭한 건물인데, 포츠다머 플라츠의 건물들은 세계적인 건축가들을 초대해서 만들었지만 급작스럽게 만든 가건물로 이루어진 도시 같아 베를린의 변두리가 되고 말았습니다.

신도시를 만들 때 가장 중요한 시간과 문명을 생각하지 않은 까닭입니다.

〈자화상〉과 〈마릴린 먼로〉는 탈냉전 시대를 대표하는 아티스트 앤디 워홀Andrew Warhola(1928~1987)의 작품입니다. 앤디 워홀은 자신의 얼굴과 마릴린 먼로Marilyn Monroe(1926~1962) 등 유명인의 얼굴에 덧칠을 해서 어느 누구도 생각지 못한 산 사람의 얼굴을 다른 이미지로 창조했습니다. 그는 자신의 스튜디오를 팩토리(공장)라 부르고, 조수들이 그리게 한 뒤 그 위에 사인만 한 작품도 있는데, 엄청난 값에 팔리고 있습니다. 이런 사실을 잘 아는 저도 결국 수없이 덧쓴 사인뿐인 그의 판화를 사고 말았습니다.

미술은 흐름이지만 건축은 거대한 호수입니다. 앤디 워홀을 이해할 수는 있지만 유행을 만들거나 유행을 추종하는 건축가는 헛일을 하는 것입니다.

6. 21세기 전후 10년의 전 지구적 변화

에너지에 관한 한 지구에는 천국과 지옥이 있습니다. 각 지역마다 기후대와 상황이 다릅니다. 나라마다 에너지와 환경이 다릅니다. 다른 나라의 연구를 배워서 따르려고 하는 것은 맞지 않습니다. 제주도의 실험 단지는 실패한 사업이 되었습니다. 좋은 도시에는 모두 그 도시 고유의 답이 있어야 합니다.

〈자화상〉, 1986년과 〈마릴린 먼로〉, 1962년

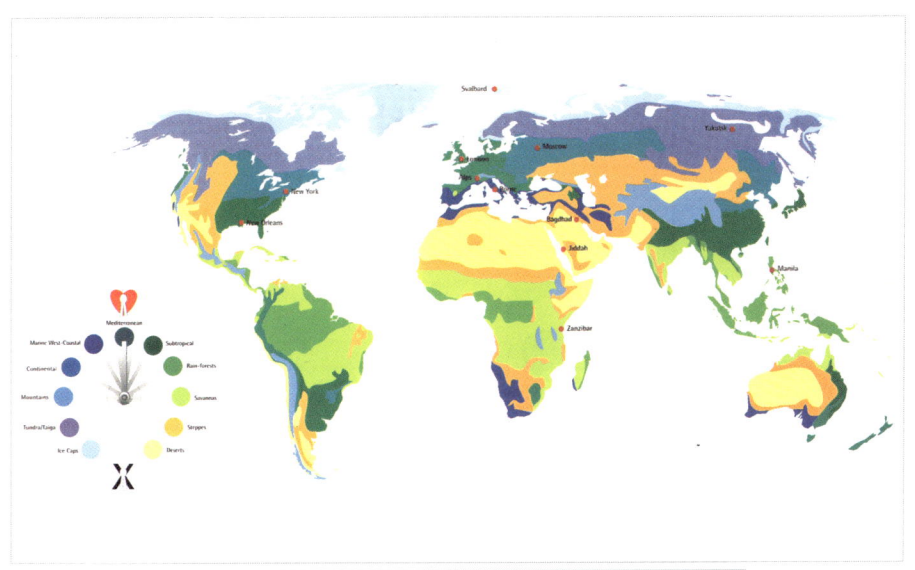

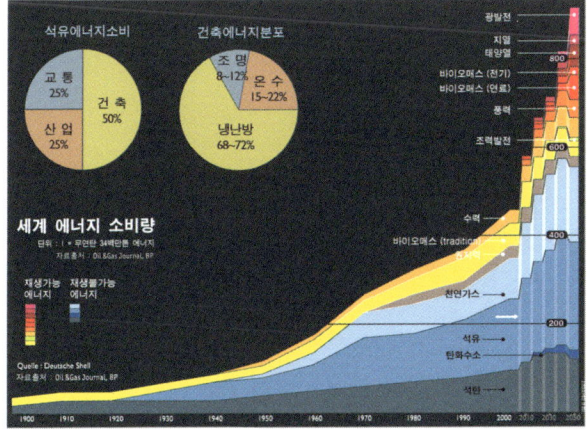

에너지의 전체적인 소비 추세

구겐하임 빌바오 미술관

2050년까지 에너지의 전체적인 소비 추세를 보면 석유류가 70퍼센트를 차지합니다. 우리는 세계 3위의 석유 수입국입니다. 이럴 때 정부가 앉아서 녹색 성장을 말하는 것은 황당한 게임에 나서는 것입니다.

전체 석유 에너지의 반은 건축에 쓰이고 1/4은 산업에 쓰이며, 나머지 1/4은 교통에 쓰입니다. 건축에서도 제일 많은 에너지가 쓰이는 부분은 냉난방입니다. 냉난방 비용이 가장 많이 드는 것이 초고층 건축입니다. 사방팔방에 초고층 아파트를 지으면서 스마트 그리드Smart Grid*를 떠드는 나라는 한국뿐입니다. 학자들이 정부 요직에 진출하면 이런 일이 생깁니다.

현재 세계에서 에너지를 가장 많이 쓰는 건물이 에스파냐에 있는 프랑크 게리Frank Owen Gehry(1929~)의 작품 구겐하임 빌바오 미술관

* 기존 전력망에 정보기술(IT)을 접목해 공급자와 소비자의 상호 작용 아래 실시간 정보 교환이 이루어지도록 해 에너지 효율을 최적화하는 지능형 전략망 시스템.

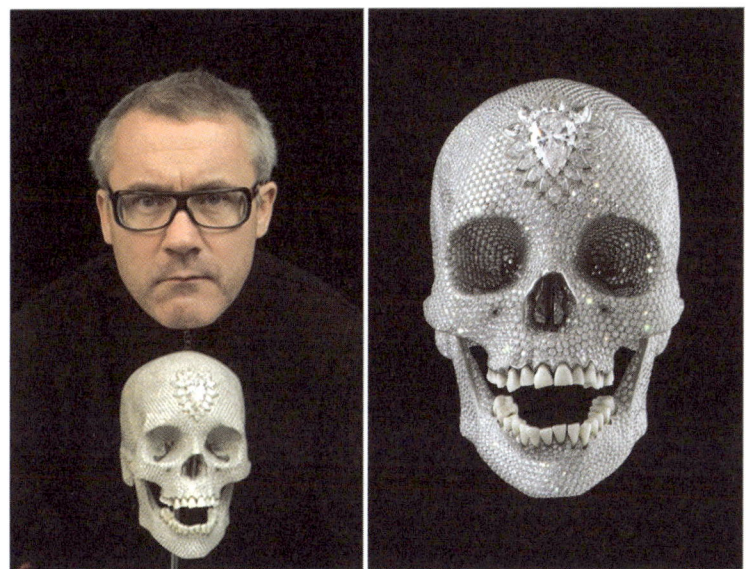

데미안 허스트와 그의 작품 〈For the Love of God〉, 2007년

입니다. 매우 아름답고 재미있는 건물이지만 에너지를 전혀 고려하지 않았습니다. 구겐하임 미술관이 생기면서 빌바오 관광객이 200만 명 더 늘었지만, 에너지 소비 역시 그만큼 늘었습니다.

제가 설계했던 취푸 신도시는 빌바오에 비해 반의 에너지를 쓰는 도시입니다. 장쩌민 주석이 지금까지 권력을 잡고 있다면 이 도시가 확실히 건설되었을 것입니다.

데미안 허스트Demien Steven Hirst(1965~)는 해골에 다이아몬드를 박아 〈For the Love of God〉라는 작품을 만들었습니다.

〈The Last Supper〉, 1999년

제 방에는 그의 작품 〈The Last Supper〉가 걸려 있습니다. 이 그림에는 전 세계의 핵 보유 개수가 나와 있습니다. 예수의 열세 제자 나라가 전 세계의 핵폭탄을 장악했다고 비유했습니다. 이 그림을 보면 북한은 핵을 한두 개 보유할까 말까 하는 상태인데, 미국의 핵 보유 개수는 7018개입니다. 에너지 문제를 해결한다고 녹색 성장을 외칠 것이 아니라 당장 최소 에너지를 소비하는 집을 만들어야 하듯이, 핵 확산을 막으려면 자신들의 핵을 폐기하면 됩니다. 데미안 허스트는 언젠가 함께 일해 보고 싶은 작가입니다.

5장

한반도 인문학

저는 67년 동안 20세기를 몸으로 부딪치며 살았습니다. 200만 명의 사상자를 낸 한국전쟁 중에 초등학교를 다녔고, 고등학교 3년 동안 인문학에 심취해 동서양 철학에 몰두했습니다. 대학에서 건축을 전공한 후 30년 가까이 현대 건축을 하고, 10년 가까이 베니스, 베이징, 뉴욕 등에서 교수 생활을 했습니다. 건축과 도시에서 나름대로 세계적인 것을 이루었다고 생각했으나, 돌이켜 보면 저의 60년은 결국 한반도 천 년 역사와 지리의 한 부분이었습니다. 한반도 역사와 지리의 인문학을 제대로 하는 것이 제가 했어야 했던 일이라고 생각합니다.

한반도는 아직 한반도만의 세상이 아니고, 우리가 한반도의 역사와 지리를 안다고 하기도 어렵습니다. 이럴 때일수록 '한반도 인문학'이 우리의 중심이 되어야 합니다. 오늘날 우리의 문제를 외면하는 인문학은 제대로 된 인문학이 아닙니다. 우리가 우리를 부정하는 일은 쉽습니다. 인문학은 우리 역사와 지리의 잠재력을 발견하고 가능성을 확대하는 데 뜻이 있지, 고전 읽기와 수신제가에 그 뜻이 있는 것이 아닙니다. 한반도 인문학은 60년 이상 지속된 남과 북의 실체를 인정하고 공존, 연합, 통일의 세 단계로 이루어져야 합니다.

'남북 공동 도시 회랑'은 천 년 동안 한반도의 중심이었던 개성과 서울이 함께 세계 도시화의 흐름을 주도해야 한다는 제안이며, '4대강, 길이 있다'는 정치·정략적으로 추진되고 있는 4대강 사업을 한반도 인프라 상생의 길로 이끌고자 하는 제안입니다. 이 두 안을 발표하면 '사대문안 구조 개혁'과 '새만금 바다 도시'처럼 변조, 모방, 훼손되는 일이 반복될 것이나 인문강좌에서 이를 발표했고, 『희망의 한반도 프로젝트 2』로 출간하는 것도 뜻이 있다고 생각했습니다.

인문학을 떠나 건축과 도시의 세계로 간 제가 이 책의 마지막 장에 '한반도 인문학'에 관한 글을 싣는 것은 참으로 보람 있는 일이라고 생각합니다.

1. 남북 공동 도시 회랑

'우리가 누구인가. 우리는 어디서 살고 있는가. 우리 공동체는 어디인가' 하는 것을 생각할 때 근거가 되는 것이 한반도라고 생각합니다. 우리는 한반도라고 하는 특정한 공간 영역에서 2000년 문명을 만들어 왔기 때문입니다. 그래서 저는 통일 문제, 민족 문제가 우리 인문학의 기본이 되어야 한다고 생각합니다.

우리는 지난 2000년 동안 한반도에서 살아왔습니다. 그러다가 일제에 강점된 뒤 국권을 회복하지 못한 채 남북이 분단되었습니다. 지난 2000년 동안의 한국 문명은 중국 한자로 기록된, 한글이 아닌 한문으로 사고한 인문학의 세계였습니다. 일제에 강점되고 나서는 일본어가 우리의 국어가 되었습니다. 분단된 뒤에는 서로 다른 사상 체계 속에서 지내 왔습니다. 그래서 우리는 지리적으로뿐만 아니라 문명적으로도 불완전한 상태입니다. 남한이 경제적으로 앞서기 때문에 통일을 할 필요가 없다는 것은 '잘못된 생각'이라고 보기도 어려운 황폐한 논리입니다.

독일은 베를린이 분단되었을 때 분단선 가까운 곳에 베를린 필하모닉홀을 지었습니다. 저도 예술의전당을 설계할 때 휴전선에다 짓자고 제안했습니다. 우리는 우리가 불완전한 상황이라는 사실을 잊으면 안 됩니다.

　노무현 정부 때 수도를 옮기려 했습니다. 저는 서울을 세종시로 옮기는 천도는 불가능하다고 봤습니다. 1100년 된 수도를 옮긴 예는 없고, 있을 수도 없습니다. 런던과 파리를 옮길 수는 없는 것입니다. 개성과 서울의 거리는 40킬로미터도 안 됩니다. 개성과 서울은 지금의 교통 체계에서는 한도시입니다. 개성과 서울을 하나의 도시로 만드는 일을 해야 합니다.

　2009년 7월 9일 이탈리아 중부 도시 라퀼라에서 열린 G20 확대 정상회의에서 한국은 스마트 그리드의 선도 국가로 선정되었습니다. 미국 학자들과 전력 회사가 만든 스마트 그리드의 추진 방안을 그해 11월 15일 이명박 대통령이 세계에 발표하게 되어 있었는데, 하지 못했습니다. 그때 그들을 압도하는 실질적인 안을 만들었어야 우리가 세계를 앞설 수 있었는데, G20 확대 정상회의는 실질적인 스마트 그리드 발표장이 아닌 보통의 축제가 되고 말았습니다. 거대한 축제가 되고 말았습니다.

　제가 쓰고 있는 '희망의 한반도 프로젝트 2'라는 이름의 책이 올해 말쯤 나올 예정입니다. 그 내용을 잠시 설명해 드리겠습니다.

　지금 우리는 DMZ와 NLL(북방한계선)로 분단되어 있습니다. 제가 생각하는 것은 서울과 수원과 인천대교가 연결되어 대몽항쟁 때 38년 동안 수도였던 강화도까지 뚫고 들어가는 서울 수도권 도시 회랑입니

남북 어반링크

다. 이것이 제가 생각하는 한반도 수도권 회랑입니다. 우리가 이 계획을 북한과 함께 진행해 보자는 것입니다.

인천대교는 2009년 10월에 완공되었습니다. 인천대교가 수원에서 개성으로 가는 큰 길을 열었다고 생각해야 합니다. 제가 이 안을 더 끌고 나가 남북 공동의 도시 회랑을 만들자고 제안했습니다. 개성공단과 부평공단이 있고, 수원까지 이어지는 이 일대가 현재 세계에서 생산성이 가장 높은 곳 가운데 하나인 도시형 공단입니다. 그러나 우리의 GDP(국내총생산)가 3만 달러가 되면 이 공단 일대는 경쟁력을 잃습니다. 공단들이 중국으로 가는 것이 그런 이유입니다. 개성 일대의 가장 큰 자원은 인간입니다.

서비스 산업은 기본적인 제조업이 있을 때 가능한 것입니다. 서비스 산업만 하는 곳이 라스베이거스인데, 노름판입니다. 진정한 의미의 산업이 IT와 디자인과 결합하면 엄청난 힘을 발휘합니다.

세계적인 디자인 산업도시는 밀라노입니다. 이탈리아 전체 소득은 3만 달러지만 밀라노의 소득은 5만 달러 정도 됩니다. 여러분이 아는 페라리, 람보르기니, 조르지오 아르마니, 살바토레 페라가모 등 모든 디자인이 밀라노에 있습니다. 디자인만으로 4~5배의 값을 받습니다. 지금은 사람들이 시계를 살 때 디자인을 보고 삽니다. 3000만 원짜리와 3000원짜리 시계가 기능은 똑같습니다. 조명기구의 경우 에디슨과 필립스의 전구 외에는 다 디자인입니다. 제가 스탠드를 사러 갔더니 가격이 38만 원이었습니다. 전에 쓰던 것은 2만 원이었는데, 기능은 다른 것이 없었습니다. 그러나 결국 사고 말았습니다. 디자인 때문입니다. 그런 것을 만들어 내야 합니다.

그렇다면 디자인은 어떻게 만들어 내야 하는 걸까요. 우리는 아직까지도 벤치마킹이라는 이름 아래 디자인을 도둑질하고 있습니다. 참 디자인이 나오려면 학교가 있어야 하고, 그런 디자인을 일으킬 만한 그룹들이 있어야 합니다.

우리는 손재주로 기능올림픽 15연패를 했습니다. 유럽에서는 음악 경연을 할 때 '어떻게 하면 한국인을 적게 뽑을 수 있을까'를 고민한다고 합니다. 안배를 해야 하기 때문입니다. 그만큼 우리는 손으로 하는 일에 능합니다. 민족마다 특유의 집단적 DNA가 있습니다. 고려 불화만 한 것은 세계 어디에도 없습니다. 고려 불화는 유럽의 어떤 그림보다 대단했고, 최고의 수출품이었습니다. 고려 불화가 해외에 많이 나가 있는 것을 빼돌린 것으로 아는데, 사실은 대부분이 수출한 것입니다. 고려 청자는 중국에서 최고의 상품이었습니다. 그런데 조선조에 들어와 유학에 의해 예술을 천시하는 나라가 된 것입니다.

고려 때 우리가 했던 역할을 지금 밀라노가 하고 있습니다. 제가 밀라노 유력 인사들과 시장에게 밀라노를 일으킨 실질적인 힘이 무엇이냐고 물었더니 세계 최고의 오페라하우스인 라스칼라, 세계 최고의 디자인 학교인 IED Istituto Europeo di Design(에우로페오 디자인 학교), 3년마다 열리는 국제적인 미술 전람회인 트리엔날레 등을 꼽았습니다. 트리엔날레는 고건 시장 때 서울시가 단 한 번 초대되었습니다. 그때 커미셔너의 비용이 15억 원이었습니다. 제가 베니스비엔날레를 할 때는 커미셔너가 쓸 수 있는 돈이 2억 원이었습니다. 그만큼 트리엔날레는 중요한 곳입니다. 어떤 세계적인 작가라도 트리엔날레가 부르면 다 갑니다.

세계적인 디자인을 하기 위해서는 학교와 저널이 필요합니다. 세계적인 디자인을 하려면 누구든 이탈리아 잡지를 봐야 합니다. 학교와 저널과 함께 중요한 것이 세계적인 장터와 흐름입니다.

이건희 회장이 피에라 밀라노를 보고 "여기에 세계 시장의 심장이 있다"고 말하며 주요 간부들을 가 보게 했다고 합니다. 피에라 밀라노에서 디자인쇼, 가구쇼 등은 닷새 동안 하는데, 그 닷새 동안은 밀라노 전 시내의 호텔 값이 두 배가 되며 그조차도 구하기가 힘듭니다. 묵을 곳을 구하기 위해서는 변두리로 나가야 합니다. 피에라 밀라노가 밀라노 전체를 흔들어 놓는 것입니다. 그런 디자인 쇼를 1년에 100일 이상 계속합니다.

제가 영종도에 공항 신도시를 만들 때 세계 최고의 디자인시티를 만들어 보고자 했습니다. 밀라노의 디자인 산업을 이끌어 가는 여덟 기관을 일일이 찾아가 1년에 걸쳐 설득한 끝에 인천공항 옆 신도시에 오기로 했습니다. 이로 인해 개성공단, 부평공단, 수도권 공단 전체에 디자인의 활력을 불어넣을 수 있다면 다 같이 살아날 수 있습니다.

예전에는 항만이 해외 교류의 중심이었습니다. 항만이 세계의 인간이 모이는 곳이고 물류의 중심이며 산업의 중심이었습니다. 하지만 공항은 그렇지 못했습니다. 공항은 소음과 토목적 스케일 때문에 도시 중심에서 멀리 떨어져 있었고, 근처에 무엇이 선다는 것은 상상도 하지 못했습니다. 파리 샤를드골공항 근처에 힐튼호텔을 지었지만 손님이 없었습니다.

여행객들은 도시를 찾기 위해 도시 중심으로 다시 가야 합니다. 그러나 지금 뒤셀도르프공항 근처는 도시가 되어 가고 있습니다. 사람들이 와서 일을 보고 되돌아갑니다. 비행 편수가 상대적으로 많아졌지만 공항 소음은 반비례로 줄었습니다. 앞으로 5~7년 뒤면 인천공항에 한 해 동안 1억 명의 승객이 올 것입니다. 이제 항만으로 다니는 사람은 거의 없습니다. 1억 명의 승객이 온다는 것은 하루에 30만의 인스턴트 시티가 생긴다는 것입니다. 그 사람들이 면세점이나 다니게 할 것이 아니라, 도시를 다니게 만들어야 합니다. 인천공항에서 4.5킬로미터 떨어진 자리에 그런 도시를 구상하고, 이탈리아 대통령까지 모시고 기공식을 했습니다. 그 도시의 역할은 수도권 일원과 개성 일원까지의 노임을 기초로 하는 산업을 일으키는 것이 아니라 3만 달러,

4만 달러의 노동자들을 탄생시키는 것입니다. 그것을 밀라노와 같이 해야 합니다.

제가 밀라노의 레티지아 모라티Letizia Moratti 시장을 설득할 때, "콜럼버스가 신대륙을 발견해서 유럽이 세계를 장악했듯이 이제는 세계 최고의 구대륙을 발견해야 한다. 아시아로 들어와야 한다. 내가 그것을 만들 테니 당신이 이사벨라 여왕이 되어 달라. 여러분은 신대륙이라는 이름으로 멀쩡한 사람 200만 명을 죽이고 상처 입히고 노예로 쓰고 금광을 파고 기독교까지 전파했지만 지금 유럽 시장은 죽어 가고 있고, 아시아 시장은 세계에서 가장 큰 시장이다. 아시아를 차지하기 위해 상하이로 가면 상하이로 끝나고 베이징으로 가면 베이징으로 끝난다. 상하이 사람들은 베이징에 가지 않는다. 또 도쿄로 가면 중국 사람은 아무도 가지 않는다. 오사카도 마찬가지다. 인천공항 옆에 무국적 도시를 만들어야 한다. 거기서는 전부 한 시간 거리다. 밀라노디자인시티를 짓고 피에라 밀라노를 가지고 오자"고 했습니다. 처음에 말했을 때는 밀라노디자인시티라는 이름을 쓰는 것만으로 300억 원을 요구했습니다. 그런데 제 말을 듣고 나서는 자신들이 직접 와서 경영을 하겠다고 합니다. 2009년 다보스 포럼에서 모라티 시장이 당시 한승수 총리에게 밀라노디자인시티를 자랑할 정도였습니다. 그래서 한 총리가 한국에 오자마자 저를 보자고 해 만났습니다.

수도권이라고 할 때는 항상 개성을 함께 생각해야 합니다. 개성이 있어야 우리가 잘난 나라가 되는 것입니다. 고려의 국력은 조선조 때와는 비교할 수 없이 컸습니다. 조선 왕조 500년은 앞으로 우리가 가야 할 새로운 세계에 큰 도움이 안 됩니다. 고려가 모델이 되어야 하고, 고려와 조선 모두가 우리나라가 되어야 합니다.

우리가 한민족이라고 할 때는 역사 공동체를 말합니다. 그 역사적 DNA가 확립된 때가 언제입니까. 저는 삼국 시대까지는 중국과의 문명적 혼혈 시대였다고 생각합니다. 랴오닝 성遼寧省에서 베이징에 이르는 고구려는 북방 중국과 경쟁하던 한반도의 일부였습니다. 그 뒤 고려 때 중국과 싸우고 조선조에 들어와 지금의 국경선을 확보하면서 수많은 가능성 가운데 한국적 DNA가 확립되고 한국인만이 갖는 힘이 형성되어 팔만대장경과 금속활자, 고려 청자, 신도시 한양, 한글, 수원 화성 등으로 나타난 것입니다. 특히 아직까지도 불교 사상계를 지배하는 불교 미술에 관한 한 고려를 따를 나라가 없습니다. 고려는 서양과 중국이 따라올 수 없는 최고의 불교 국가를 이루었습니다. 중국이 조선조에 우리의 스승이었던 것은 인정하지만, 삼국 시대와 고려 때까지는 그들과는 다른 문명을 형성했습니다.

찬란한 꽃을 피운 고려를 부정하고 유교 혁명으로 이룬 나라가 조선 왕조입니다. 조선은 폐쇄적인 국가였습니다. 말년에 청나라 문물을 받아들여 세계화를 이루려 했던 실학이 있었을 뿐입니다. 조선조 문화를 보면 근 500년을 통치할 수 있었다는 것이 위대함이 아닌 교묘함과 간악함을 나타내는 것이라는 생각이 듭니다. 지배 계층이 철저하게 한정되었고 이동이 없었습니다. 저는 세종대왕 이후의 조선조는 한국 문명의 부끄러운 부분이라고 생각합니다. 그나마 고려가 있었기 때문에 조선이 있었던 것입니다. 세종대왕은 조선 왕조가 아닌 고려

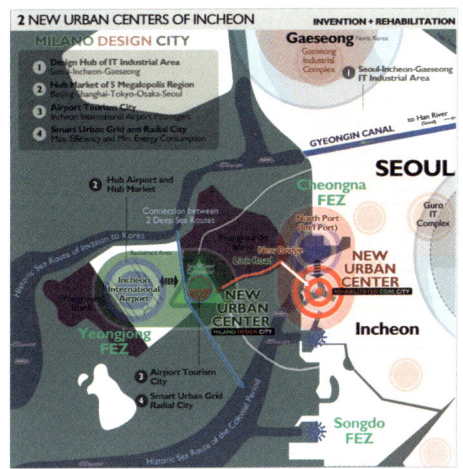

인천국제공항 옆에 위치한 밀라노디자인시티

시대에 태어난 사람이고, 한글은 이미 그 전에 있던 것을 세종대왕이 집대성한 것입니다. 저는 한국인의 DNA를 조선조의 연장 선상에서 이야기하는 것이 싫습니다. Korea는 고려여야 합니다. 본래 인문학이라는 것이 자신을 통해 세계를 들여다보는 것이라고 생각합니다.

본래 우리의 서해 바닷길은 용유도와 영종도 북부를 지나 강화도 옆을 통해 올라갔습니다. 영국, 프랑스, 미국인들이 이 길로 들어온 것입니다. 그러다가 러시아가 1902년 제물포에 항을 만든 이후 서해의 뱃길이 달라졌습니다. 그래서 과거의 수로와 현재의 수로 사이를 메워서 인천국제공항을 만들고, 바로 그 옆에 밀라노디자인시티를 만들었습니다. 이곳은 남쪽과 북쪽의 물을 심해에서 관통시킵니다. 심해의 온도는 일정하고 지상의 온도는 수시로 바뀝니다. 그 지열과 심층

수의 온도 차를 이용한 발전을 할 수 있습니다. 또한 이 지역은 바람골이었습니다. 아름다운 풍력 발전이 건축과 어우러지게 했습니다.

  밀라노 구도심 지역과 제가 만드는 밀라노디자인시티의 규모가 거의 비슷합니다. 제가 이 둘을 비교해 밀라노가 쓰는 에너지의 반만 쓰는 도시를 만들겠다고 단언했습니다. 단열과 건물의 형상을 통해 최소 에너지 소비를 유도하고, 세상 어디에도 없는 두 개의 깊은 바다를 연결해 수력 발전을 하려는 것입니다. 그 안을 지금 만들고 있습니다. 저는 이것을 남북 공동 개발로 유도하고자 합니다. 이러한 도시를 이제 이북과 이남 사이에 만들어야 합니다. 21세기의 인류가 지향할 만한 도시를 남과 북이 천년 도시인 개성과 서울이 합한 곳에 만들 수 있으면 세계가 우리를 따를 것입니다.

2. 4대강, 길이 있다

'인문학은 무엇인가'라는 논의에 가장 근사한 글은 사르트르의 '문학은 무엇인가'라는 글이라고 생각합니다.

한국의 인문학이 퇴계와 율곡을 넘지 못하는 것이 한국 인문학의 위기를 자초한 것입니다. 한국 인문학의 큰 길을 연 사람은 다산茶山 정약용丁若鏞입니다. 인문학은 선대의 학문을 연마한 데서 나아가, 실사구시와 미래에 대한 통찰을 더해야 합니다. 다산은 사서삼경은 물론 이단 사상인 불교와 기독교를 깊이 공부하고 당시의 세계를 끌어가던 사회과학과 자연과학에도 깊은 관심이 있었으며, 무엇보다 한국의 역사·지리·인문에 대한 연구를 함께했습니다.

지금 한국의 인문학은 남이 이룬 것을 배우고 전하는 일에 그치고 있습니다. 우리가 당면한 세계화, 남북문제, 급격한 경제 성장에 따른 자본 집중과 경제 평등에 대한 인간 중심의 인문학적 접근은 말할 것도 없고, 당장 수천 년을 지속해 온 역사와 자연을 훼손할 수밖에 없는 신행정수도, 4대강 사업에 대해서도 아무 답도 가지고 있지 않습니다. 다산이 신행정수도인 수원화성을 설계하고 낙동강, 두만강, 대동강, 임진강 등 이북의 4대강에 대해서 쓴 『대동수경』大東水經만한 것을 어느 인문학자도 쓸 생각조차 하지 않고 있습니다.

신행정수도와 4대강은 국가 권력 구조와 지방 분권을 다루는 사회과학이나 국토 해양의 문제이기 전에 한반도, 한민족의 기본 전제에 관한 문제입니다. 여기에 '4대강, 길이 있다'를 굳이 더한 것은 인문학의 본분이 실사구시에 있음을 밝히고자 한 까닭이며, 강연 때 시간 관계로 일부만 말했던 것을 후에 보충, 정리한 것입니다.

신행정수도나 4대강같이 우리 시대만이 아니라 후대에까지 한반도에 깊은 영향을 끼칠 대상에 대해 말하지 못하는 인문학은 교양 과목에 머물 수밖에 없습니다. 우리 시대의 인문학자라면 신행정수도와 4대강에 대해 말할 수 있어야 한다는 생각으로 이를 더한 것입니다. 행동하는 인문학자가 '4대강의 바른길'을 밝히고, 도시공학자와 경제학자가 바른길을 실현하는 것이 순리입니다.

다산처럼 신행정수도를 염두에 둔 수원화성 계획 같은 일을 해야 인문학이 사회과학, 자연과학과 융합을 이루는 것이고, 『대동수경』 같은 글을 남겨야 인문학이 제 길을 가는 것입니다.

돌이켜 보건대 저의 건축과 도시설계의 삶 40년 가운데 절반 이상은 한반도 하드웨어에 대한 것이었습니다. 1969년에 한강과 여의도 마스터플랜을 담당한 이후 지금까지 국가의 하드웨어 개조가 있을 때마다 참여했습니다. 어떤 때는 주역으로 어떤 때는 반대 제안자로, 또 어떤 때는 비판자로 개입했습니다. 관악산 서울대학교 마스터플랜을 할 때는 과천까지 이어지는 산업화 대학 도시를 주장하다가 물러났지만, 최초의 국가 관광 단지인 보문단지는 제가 입안한 안이 성사되었고, 쿠웨이트 신도시 국제 현상에 당선해 도시 수출을 처음 시작했습니다. 예술의전당도 저의 계획과 설계를 세계와 경쟁해서 이룬 것이며, 베니스대학에 있을 때는 새만금 국제회의를 통해 지금의 정부가 조금씩 받아들이기 시작한 바다 도시 안을 제시했습니다. 신행정수도가 정부 안으로 나왔을 때는 있을 수도 없고 가능하지도 않은 일을 하는 것이라 해서 금강·새만금·행정도시 연합안을 제시했습니다. 영종도 공항 건설을 시작할 때인 1999년에는 공항만이 아닌 동북아 게이트웨이가 될 국제화 도시를 만들기 위해 베니스·베이징·밀라노 등 국내외에서 세 차례 국제회의와 전시회를 한 끝에 밀라노디자인시티를 제안했으며, 부산 신항 건설 때는 부산 비전 플랜을 만들고 대구와 부산 신항을 잇는 낙동강 운하를 제안했습니다.

40년 전 한강 마스터플랜을 짠 이후 한반도의 강을 생각지 않은 적이 없습니다. 2009년 4월 4대강과 새만금에 대한 그동안의 연구와 생각을 한승수 당시 총리에게 설명할 기회가 있었는데, 혼자 듣기 아깝다 해서 관계 장·차관과 관련자들을 모아 국무총리실에서 설명했습니다. 한 총리가 대통령에게 함께 보고하자고 했지만 노무현 전 대통령의 서거 정국에 밀려 흐지부지되었습니다.

40년 전에 한강 마스터플랜을 했고, 낙동강에서 20년 가까이 자랐으며, 영산강과 섬진강과 다도해를 사랑하는 사람으로서 4대강에 대해서 무언가 기록해 두어야겠다고 생각했습니다. 그런데 정작 최근에는 밀라노디자인시티에 깊이 관여하고, 남예멘의 아덴 신도시와 아제르바이잔의 바쿠 신도시 등을 하느라고 4대강에 대해서는 결과적으로는 침묵한 셈이 되었습니다. '꿈꾸는 한강', '금강·새만금 신백제', '영산강·다도해·섬진강 바다 도시', '낙동강 운하 도시' 등 네 편의 글을 정리하는 일에 착수했다가 건강이 악화되어 제대로 진행하지 못했습니다.

  4대강에 대한 제 생각을 정리하는 데는 한반도의 하드웨어에 관해 인문학자 백낙청白樂晴 교수와 지난 7년 넘게 이야기한 것이 큰 도움이 되었고, 집필 과정에서도 조언을 구했습니다. 이 글의 '(1) 한강 마스터플랜 1969·2009'는 중국 도시계획학회장이며 칭화대 교수인 우량륭吳良鏞 교수의 도움을 받았고, '(2) 낙동강과 서낙동강 운하 도시 연합'은 한국토지공사장과 서울특별시 균형발전본부장을 지낸 이종상 사장이 많은 연구원을 파견해 근 반년에 걸쳐 타당성을 조사해 주었습니다. '(3) 금강·새만금·세종시'에 관해서는 리니오 브루토메소Rinio Bruttomesso 교수와 브루노 돌체타Bruno Dolcetta 교수 등 베니스대학 교수들의 도움이 컸습니다. 그들이 현장을 두 번에 걸쳐 방문하고 국제회의도 함께했습니다. '(4) 영산강·다도해·섬진강 바다 도시'는 낙동강 하구언河口堰과 영산강 하구언 및 댐을 설계하고 개성공단과 케도KEDO(한반도 에너지 개발 기구) 단장을 지낸 심재원 사장으로부터 많은 도움을 얻었습니다. 그리고 추가령구조곡과 서울을 잇는 남북 관통 운하에 대해서는 원산에서 서울로 시집와 경원선과 추가령구조곡 육로와 임진강을 넘어 다닌 제 모친으로부터 들은 곳곳의 지리와 역사 이야기가 크게 도움이 되었습니다.

4대강 사업을 제대로 진행하는 데는 적어도 다음 세 가지 전제 조건이 필요합니다. 첫째는 일관된 한반도 공간 전략의 틀 속에서 남한의 4대강을 보아야 하며, 둘째는 강과 운하를 혼동하지 말아야 하고, 셋째는 한반도의 강은 모두 다른 강이므로 4대강을 하나의 해법으로 풀어서는 안 된다는 것입니다.

지금 진행되는 '4대강 살리기'에는 한반도 하드웨어에 대한 일관된 비전이 없습니다. 한반도 하드웨어의 핵심은 강인데, 한반도의 강과 운하를 말하려면 먼저 지난 100년 동안 한반도 하드웨어가 어떻게 변화해 왔는지를 알아야 합니다.

선진국에서는 근대화를 이룰 때 먼저 강을 정비하고 운하를 건설한 다음 국도와 철도와 고속도로를 놓고 그 뒤에 고속철도를 건설하는 것이 상례였습니다. 그러나 한반도는 외국 세력의 주도로 식민지 시대에 근대화가 이루어지다 보니 철도와 신작로가 먼저 만들어졌고, 그 뒤 우리 정부가 국도와 고속도로를 닦고 고속철도를 놓을 때까지 강과 운하를 제대로 생각하지 못했습니다. 지금까지의 4대강 사업은 하구언을 만들어 홍수를 조절하고 상류에 댐을 건설해 수자원을 확보한 정도였습니다. 강은 한반도 인프라의 변방이 되었습니다.

따라서 한반도 인프라를 완성하기 위해 강을 제대로 살리는 일이 남았다는 주장 자체는 틀린 말이 아닙니다. 특히 한반도의 강은 운하를 갖지 못해 강의 현대화를 이루지 못했습니다. 영국, 프랑스, 독일 모두 강을 효율적으로 도시 공간화하기 위해 운하를 개입시켰습니다. 운하는 강과 강, 강과 바다를 연결합니다. 강이 닿지 않는 곳으로 강을 확장시키기도 합니다. 그러나 강과 운하를 혼동해서는 안 됩니다. 강은 강이고 운하는 운하입니다.

　이명박 대통령이 한반도 대운하를 주창한 것은 그 규모와 의욕에서는 박정희 대통령의 새마을사업이나 중화학공단 건설에 버금갈 만한 것이었으나 치밀한 내용이 따르지 못했습니다. 더구나 한강과 낙동강에 5000톤급 화물선을 띄우고 역사·지리적으로 아무 관련이 없는 두 강을 연결한다는 억지가 국민의 공감을 얻지 못한 것입니다. 한반도에서 가능한 조운漕運은 바다에서부터 하구를 통해 내륙의 도시로 들어오는 소규모의 것입니다. 강과 강이 연결되는 조운은 있을 수도 없고 의미도 없습니다. 삼면이 바다로 둘러싸인 나라에서 낙동강이 문경 새재를 넘어 한강으로 가게 하려는 것은 섬나라 영국에서 템스 강을 맨체스터나 스코틀랜드로 끌고 가려는 것과 같은 망상일 따름입니다.

　다행히 정부는 경부 대운하 포기를 선언했고, 이제 '4대강 살리기'를 대신 추진하고 있습니다. 그러나 대운하 때와 마찬가지로 이번에도 관료와 관변 학자들이 방향을 잡지 못하고 있습니다. 한반도 대운하건 4대강 사업이건 그 취지는 한반도 인프라의 축을 강으로 되돌리려는 것입니다. 이 원대한 꿈은 확실하고 포괄적인 안목과 공익에 대한 헌신으로 실행되어야 하는데, 그렇지 못한 것이 문제입니다.

　정부의 '4대강 살리기' 사업은 홍수 방지와 수자원 확보, 수변 공간 확보를 통해 고용 창출을 이루겠다는 것입니다. 하지만 하천 준설은 중장비로 하는 일이지 고용을 창출하는 일도 아닐 뿐더러, 하천 준설이 수자원 확보와 수질 개선 방법이 되리라는 것도 잘못된 판단입니다. 더구나 홍수 방지를 위해 건설된 영산강, 금강, 낙동강의 하구언은 주운舟運을 막을 뿐 아니라 홍수 방지에도 도움이 되지 않습니다. 한강은 하구가 이북과 마주하고 있기 때문에 손을 대지 않았으나 한강에서보다 다른 3대 강에 홍수가 더 많은 이유를 알아야 합니다. 템스 강에는 밀물 때는 막혔다가 썰물 때는 열 수 있는 템스 배리어 Thames Barrier가 있는데, 이런 식으로 주운과 효과적인 수위 조절을 겸할 수 있는 발상의 전환이 필요합니다.

그러나 무엇보다 중요한 것은 '4대강 살리기'가 근본적으로 한반도의 어떤 공간 전략을 목표로 하는 사업인지를 분명히 하는 것입니다. 한반도 남녘의 강은 모두 서남해안으로 흘러갑니다. 수천 샛강의 물이 모여서 바다로 흐르는 큰 흐름이 4대강입니다. 4대강에 운하가 건설되지 않은 이유는 물줄기가 바다로 쉽게 흘러 들어가고 그 하구가 거대한 생명과 수자원의 보고였기 때문입니다. 따라서 운하의 필요성을 크게 느끼지도 않았고, 한반도의 강은 주운·조운의 역할을 했으나 육로와 느슨한 보완 관계에 있었습니다.

근대화, 산업화되면서는 물류의 대종大宗이 철도로 바뀌었습니다. 대한제국과 일제하에 서울과 부산, 인천, 원산, 신의주를 잇는 네 개의 철도가 생겼고, 철도와 철도역을 중심으로 신작로를 만들었습니다. 한반도 인프라의 근간이 강이 아닌 철도가 된 것입니다. 그러면서 철도 역사驛舍를 중심으로 도시화가 이루어졌습니다. 고려-조선조 때까지 강을 중심으로 했던 한반도의 인프라가 대한제국과 일제 강점기를 지나면서 철도역과 신작로 중심으로 옮겨졌고, 고속도로 건설 이후에는 고속도로 나들목 중심으로 도시가 확대되었습니다. 예로부터 한반도의 주요 도시들은 강변에 있었으나 현대 한국 도시는 철도역, 고속도로, 고속철이 중심이 되어 한반도 삶의 근원인 강과 차단된 것입니다. 류우익柳佑益 교수의 한반도 대운하 구상은 그런 뜻에서 큰 비전이 있었습니다.

4대강 사업의 핵심은 수자원과 도시화 토지 확보, 그리고 바다와 강이 만나는 하구 유역 창출이 핵심이 되어야 합니다. 녹색 성장은 강 없이는 말할 수 없습니다. 4대강 주변은 놀이 공간이 아니라 21세기 한반도의 도시 공간이 되어야 합니다. 서울이 인구 천만의 도시가 될 수 있었던 것은 한강 주변을 도시화했기 때문입니다.

이를 위해 4대강을 수자원으로 사용해 식수뿐 아니라 산업 용수, 공업 용수, 농업 용수, 도심의 생활 용수 등을 적절히 관리할 수 있어야 하고, 더 중요한 것은 하구언으로 막혀 호수화된 강을 바다와 연결시켜 바다와 강의 중간 지대를 회복하는 일입니다.

몰락하고 있는 농촌의 도시화가 강변에서 이루어지도록 하는 것도 4대강을 살리는 길입니다. 바다와 강에 조운이 가능한 수변 공간을 만들면 바다와 강 사이에 농촌·도시 회랑인 중간 지대가 만들어집니다.

정부의 4대강 사업이 문제가 많다고 해서 한반도의 새로운 하드웨어를 고민하지 않는 것도 책임 있는 자세는 아닙니다. 거듭 강조하지만 강과 운하를 혼동하지 말아야 하며, '4대강'으로 묶어서 부르는 강들이 각기 전혀 다른 강이라는 점을 염두에 두어야 합니다. 그런 시각에서 4대강에 대한 제 나름의 구상을 써 보도록 하겠습니다. 4대강에 대한 원론적 담론은 그만하고, 이제 실사구시의 대책을 마련해야 합니다.

(1) 한강 마스터플랜 1969 · 2009

한강은 제가 마스터플랜에 깊이 참가한 강입니다. 낙동강, 금강, 영산강과 달리 한강은 전체적으로 봐서 세계 어느 강 못지않게 잘 개발된 곳입니다. 상수원을 강력하게 확보하고 본류의 도시화에 성공했습니다. 인구 500만의 도시가 마주하고 있는 한강 하구는 (휴전선 덕분인지는 모르지만) 살아 있습니다. 다만 아쉬운 점은 한강 본류를 도시화할 때 강변도로를 만들면서 수변 공간을 확보하지 못한 것입니다. 강변도로가 안쪽으로 들어가 수변 공간을 확보했어야 합니다. 앞으로 한강의 문제는 지천支川이며, 다음으로는 휴전선으로 막혀 있는 임진강과의 연계를 회복하는 것입니다. 21세기 한강의 숙원은 한강을 바다로 나가게 하는 수변 도시를 만드는 일입니다. 어쨌든 한강은 이제 와서 새삼 '살리기'를 시도할 대상이 아닙니다. 지난 40년 동안 해 온 한강 프로젝트를 짧게 정리해 봅니다.

① 한강 마스터플랜, 1969

1969년에 서울특별시 용역으로 만든 여의도 계획과 한강 마스터플랜은 지난 40년 동안 거의 계획대로 이루어졌습니다. 한강 마스터플랜은 수자원을 확보하고 강변 토지를 창출한 것입니다. 한강 주변과 강남 일대의 도시화 토지를 공급해 서울의 중산층이 월급으로 땅을 갖게 됨으로써 오늘 수도권의 중산층이 만들어졌습니다.

② 꿈꾸는 한강, 1995

한강 마스터플랜을 만든 지 30년이 지나고 보니 한강 일대를 주거 단지로 만든 셈이 되었습니다. 그래서 1995년 1월 1일부터 다섯 번에 걸쳐 『조선일보』에 '꿈꾸는 한강'을 연재했습니다. 한강을 중심으로 500만의 인구가 마주하고 있는 서울의 핵심 기능을 한강으로 끌고 와 재조직하자는 안이었습니다.

③ 한강 중심 서울 21세기, 2000

한강 중심 도시화를 위해서는 한강이 바다에 닿는 운하 계획이 필요합니다. 세계 도시들이 21세기 도시의 미래를 선보이는 안을 2000년 베니스비엔날레에서 경쟁적으로 낼 때, 저는 한강을 중심으로 한 서울 재조직과 경인 운하 도시를 제안했습니다. 1969년 한강 마스터플랜을 할 때 제안한 경인 운하를 단순한 운하가 아니라 '운하 도시화'하자는 구상이었습니다.

④ 수도권 도시 회랑, 2008

2008년 김문수 경기지사의 부탁으로 '수도권 도시 회랑'과 '탄천·수원·평택 운하 도시' 설계를 했습니다.

서울의 토지 부족은 심각합니다. 이대로는 세계에서 땅값이 가장 비싼 도시가 될 수밖에 없습니다. 수요와 공급의 괴리를 계속 내버려 둘 수는 없습니다. 한강과 서해 바다를 잇는 '제3의 길'이 필요합니다. 개성-서울-수원-인천을 아우르는 새로운 어반링크urban link를 구상한 것은 수도권 도시화 토지의 부족을 해결하고자 하는 그랜드 디자인입니다.

한강을 '살린다'는 말은 결국 지천을 어떻게 바다와 연결시키는가의 문제입니다. 평택 미군 기지 자리는 바다로 통할 수 있는 수도권 제2의 길입니다. 미군 기지가 가진 지리를 공유하는 안이 '탄천·수원·평택 운하 도시'입니다. 한마디 덧붙인다면 탄천은 가뭄 때 바닥이 드러나는 건천乾川이므로 이것을 운하화하는 것은 멀쩡한 한강을 운하로 만들겠다는 발상과는 다릅니다.

⑤ 한반도 관통 운하, 2008

한강의 문제는 수계의 상당 부분이 이북에 걸려 있다는 점입니다. 북한은 금강산댐을 건설하고 그 물이 평화의댐 쪽으로 흐르게 하는 것이 아니라 원산 쪽으로 역류하게 했습니다. 이에 따라 백두대간 평화의댐 이북의 물은 북쪽으로 흐르게 되었습니다.

수도권에는 10년 안에 수자원 부족이 발생할 확률이 높습니다. 그 대책으로 백두대간에서 추가령구조곡을 통해 수도권으로 물을 공급하는 안을 만들 수 있습니다. 추가령구조곡 일대는 청정 지역이기 때문에 프랑스 생수 에비앙 수준의 물을 수도권 시민이 공급받을 수 있

고, 원산에서부터 추가령구조곡을 통해 러시아에서 들여오는 천연가스를 반값에 공급할 수 있습니다. 이는 추가령구조곡에 있는 곡강曲江들을 이용한다는 것이 아니라, 추가령구조곡의 지형을 이용해 미디Midi 운하 같은 여러 단계의 운하를 만들겠다는 것입니다. 미디 운하의 높낮이가 800미터이고 추가령구조곡의 높낮이가 500미터이기 때문에 충분히 가능합니다. 2009년 『창비』 가을호에 실린 황진태 씨의 원고를 보고 사회과학자의 진정성은 크게 받아들였지만, 지리나 공학, 도시설계는 인문·사회 과학과는 다른 세계입니다. 제가 제안하는 추가령구조곡 운하는 정부가 주로 이야기하고 지금 우리들 다수도 그렇게 상상하는 하천을 운하화한 그런 운하가 아닙니다.

그리고 제가 이야기하는 창조적 소수는 서구 학자들이 이야기하는 창조적 소수가 아닙니다. 남북한의 젊은이들이 이루는 공동체의 창조적 집단을 뜻합니다. 남북 분단이 무너지고 60년 만에 하나가 되었을 때 만남과 깨달음을 통해 새로운 창조적 집단이 만들어집니다. 그 집단은 20대 남북한 젊은이들의 집합을 말합니다. 이들이 제가 말하는 창조적 집단입니다. 실리콘밸리의 창조적 소수와는 다릅니다. 해방 이후 한국의 젊은이들이 대한민국을 이루었듯이, 남북이 통일되면 현재의 젊은이들과는 다른 창조적 집단이 생길 것입니다. 그들이 어디로 갈 것인가. 서울은 그들의 도시가 아닙니다. 추가령구조곡에 신도시를 만들어 창조적 집단이 모이게 하자는 것입니다. 남북이 통일되어 1300여 년 동안 한나라였다가 60년 넘게 갈라져 있던 젊은이들이 만나는 변화를 기대할 때, 그 배경은 이북과 이남의 분계이면서 동해와 서해를 잇는 추가령구조곡이어야 합니다.

(2) 낙동강과 서낙동강 운하 도시 연합

저는 낙동강과 낙동강 하구에서 산 사람입니다. 낙동강에는 안 가 본 곳이 없습니다. 한강 마스터플랜을 하면서 낙동강과 한강이 너무 다른 강이어서 놀랐습니다. 한강은 하구와 본류와 상류가 분명한 템스 강 같았는데, 낙동강은 로테르담에서 본류가 사방으로 분산되는 라인 강 같습니다. 그때 낙동강은 그대로 두고 그 옆에 운하를 만들어야 한다는 생각을 했습니다.

한강은 하구를 열어 두고 본류를 제방으로 쌓아 도시화하고 상류를 완벽히 보존한다는 계획을 통해 오늘의 서울을 가능케 했지만, 상류가 곳곳인 낙동강은 손을 대면 안 되는 강입니다.

낙동강은 수원水源이 동서로 분산되어 본류와 지류가 독립되기 때문에 강폭의 변화와 굴곡이 심합니다. 또 바로 그렇기 때문에 주변 풍경이 더 아름답고 강물의 자연 정화에 도움이 됩니다. 한없이 넓었다가 다시 좁아지는 낙동강을 토목 공사로 운하화하는 것은 불가능한 일입니다.

삼국 시대에 가야와 백제와 신라가 무수히 전투를 치렀지만 낙동강에서 수전水戰을 벌였다는 기록은 없습니다. 배를 타고 들어가서 싸울 수 있는 강이 아니었던 것입니다. 낙동강 지류는 강바닥에 암반층이 많아 준설 자체도 문제가 많습니다.

한강은 상류만을 식수원으로 하고 있지만 낙동강은 곳곳이 식수원입니다. 그런 낙동강 중상류에 세계 굴지의 공단이 자리 잡고 계속 증설하고 있습니다. 박정희 대통령의 경제 건설은 위대했지만 낙동강의 공단 도시들은 지속 가능하지 않은 경제 성장과 도시화, 산업화의 표본입니다.

녹색 성장의 기준으로 세계 산업이 강제되면 대구와 구미의 공단들은 강제로 문을 닫을 수도 있습니다. 한강 상류에는 호텔과 박물관도 못 짓게 했는데, 낙동강 상류에 대규모 공단이 들어선 지금 상황에서 낙동강을 어찌할 것입니까.

이명박 대통령이 한반도 대운하를 공약했을 때 저는 낙동강 대운하를 생각하며 그 방향으로 유도하려 했습니다. 낙동강 서측에 별개의 운하를 만드는 계획을 구상했습니다. '서낙동강 운하'는 사람의 흐름과 물의 흐름이 어울리는 정수 장치의 운하입니다. 공단의 가장 큰 문제는 인력과 폐수인데, 인력이 그 운하를 따라서 들어오고 폐수가 운하로 정화되도록 하는 것입니다. 이 운하에는 베니스에서처럼 사람들이 타고 채소와 과일을 싣는 작은 배만 다니게 한다는 구상입니다.

낙동강 서측에 운하를 만들면 낙동강과 운하 사이에 토지가 생깁니다. 강변 토지이기 때문에 아름답고 풍요로울 수밖에 없습니다. 그곳에 도농 복합체를 만들면 운하와 수로를 따라 대구, 구미, 창원, 부산에 새 도시 회랑이 생기는 것입니다. 그 수로를 따라서 컨테이너가 아닌 채소와 과일과 막걸리가 움직이는 것입니다. 서낙동강 운하는 베니스의 운하와 나폴레옹이 극찬한 '프랑스의 모세' 피에르 폴 리케 Pierre-Paul Riquet가 만든 미디 운하 같은 것입니다. 폭은 4~5미터 이하이고, 깊이도 2미터 이하입니다. 대구에서 부산 신항까지 오는 사이에 수운의 정화 장치를 완벽히 갖추어 사람과 물류가 다닐 수 있게 합니다. 베니스나 미디 운하에서 움직이는 정도의 사람과 물류가 흐르는 운하를 만드는 것이 낙동강을 신라와 가야의 강으로 보존하면서 영남 일원에 부족한 토지를 공급하는 방안이기도 합니다.

제가 제안하는 서낙동강 운하의 위치는 낙동강 서남측입니다. 실제로 한국토지공사에서 이종상 전 사장이 나서 이 지역 운하의 가능성을 검토하는 작업을 시행한 바 있습니다. 낙동강 운하와 낙동강 사이에는 동측은 강이고 서측은 운하인 사람 사는 수변 도시를 만들어 영

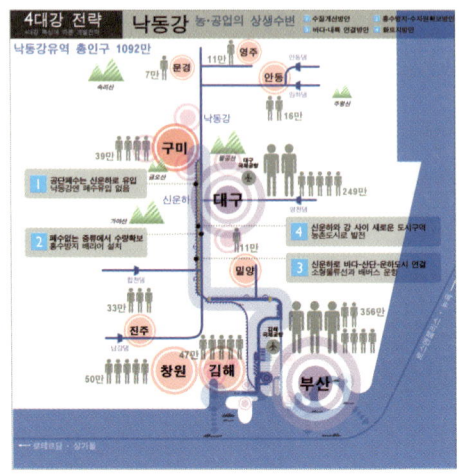

남을 남북으로 가로지르는 세계적인 도농 복합 단지를 만들 수 있습니다. 강을 그대로 두고 운하를 파서 운하가 새로운 도시화와 산업화의 기능을 하도록 해 강변 도시 사업을 일으키면서도 낙동강의 자연은 그대로 두는 방안입니다. 그간 이룩한 한강 개발과는 정반대의 길입니다.

무작정 큰 공사를 해서 잇속을 채우려는 사람들은 구미, 대구에서부터 부산까지 컨테이너가 지날 수 있는 토목 사업을 원하지만, 자연과 인간이 함께 가게 하는 소통과 융합을 이루는 것이 중요합니다. 주자朱子의 실사구시는 실용보다 원칙의 실현으로 이해해야 합니다. 서낙동강 운하는 낙동강을 살리기 위해 만든 최소한의 물류와 사람이 다니는 수로여야 하고, 낙동강은 그대로 두어야 합니다. 그대로 두되 바다와 낙동강을 통하게 하는 것이 관건입니다. 하구의 둑을 헐어서 강이 훨씬 쉽게 정화되고 밀물과 썰물이 만나게 해야 하구가 살 수 있습니다. 강에서 중요한 것이 강변과 바다와 강이 만나는 하구입니다. 그것이 얼마나 아름다운지는 살아 보지 않고는 알 수 없습니다. 낙동강은 하구에서 삼국 통일을 이루어 오늘의 한반도를 만들어 낸 강입니다. 낙동강을 훼손하면 역사와 지리가 저주를 내릴 것입니다.

(3) 금강·새만금·세종시

신행정도시와 새만금 문제는 앞으로 나아갈 수도 뒤로 물러설 수도 없는 난제 중의 난제입니다. 그러나 넓은 시각에서 보면 두 난제를 동시에 해결할 수 있는 방안이 없지 않습니다. 바로 그것이 금강·새만금·세종시 어반클러스터(都市集積體) 안입니다('금강·새만금 어반클러스터', 『희망의 한반도 프로젝트』, 창비, 2005).

세종시 안은 크게 세 가지로 논의되었습니다. 청와대·사법부·입법부는 서울에 남고 중앙부처를 모두 이전하는 신행정수도, 청와대와 외교·안보 부처는 서울에 남고 나머지 행정부처를 연기–공주로 이전하는 행정중심복합도시, 그리고 교육·과학 중심의 수정된 세종시 안이 그것입니다. 세계의 정치 수도인 워싱턴 D. C.에서조차 정부 기능이 차지하는 비중은 20퍼센트 남짓한데, 인구 50만 규모의 신도시를 만든다면서 정작 도시 내용과 경영은 생각도 하지 않고 행정부처 이전 계획의 가부만 논의해 온 것입니다.

공공 기관을 옮기더라도 먼저 지방의 성장 동력이 될 인프라를 구

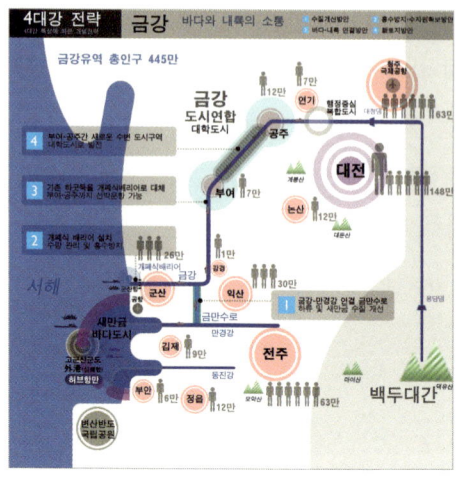

축하고 새로운 산업을 일으키며 거기에 맞추어 행정 부처와 기관을 옮겨야 하는데, 일의 선후가 바뀌었습니다. 충청권 자립을 위한 방안에는 이 지역을 도약시킬 수 있는 획기적인 새로운 산업 창출이 우선되어야 합니다. 수도권 과밀 해소를 위해서는 수도권 인구를 끌어낼 방안이 있어야 하고, 대도시 중심 발전 전략을 대체하는 것이 나와야 합니다. 대도시와 산업 공단 중심 발전 전략과 달리 지방 도시와 농촌에 단순한 산업 공단이 아닌 도시형 산업클러스터를 시작하려면 대규모 인프라 투자가 필요하기에 여태껏 지방권에서는 감히 엄두도 내지 못해 왔습니다. 그런데 세종시 건설을 계기로 중앙 정부가 막대한 예산을 투입하기 시작했으니, 행정도시 건설 비용으로 충청권에 서울·수도권보다 나은 도시 인프라를 구축해 구미·울산·포항 못지않게 만든다면 국가 균형 발전과 수도권 과밀 해소를 동시에 이룰 수 있습니다.

다만 여기서 명심할 점은 행정도시든 교육·과학 중심 도시든 금강 유역의 개발만으로는 결코 경쟁력을 가질 수 없다는 사실입니다. 새만금 안바다를 활용한 새만금 및 호남평야 일대의 종합적인 개발과 연계된 '금강·새만금·세종시' 구상이 필수적입니다.

백제의 역사는 건국, 천도, 멸망, 해외로의 유랑 등 서글픈 사연으로 점철되어 있습니다. 고구려 유민들이 한강 유역에 나라를 세웠다가 금강 유역으로 천도해 200년 동안 지속시켰으나 결국 나당 연합군에 의해 멸망하고, 유민들은 중국과 일본으로 흩어져 갔습니다.

우리 역사에서 가장 아름답고 서정적인 문명을 꽃피웠던 백제의 영역이 부여와 공주 일대입니다. 금강은 백제의 강입니다. 백제가 망하자 금강도 죽었습니다. 통일신라 이후 남해안에 근거한 바다 교통이 활발해지면서 금강도 서해안도 서서히 한반도에서의 역할을 잃어 갔습니다. 백제 멸망 이후 천 년 동안 금강은 변방의 강이었던 것입니다. 중국의 개혁·개방 이후 한반도 서해안의 새로운 가능성이 열렸으나 금강의 역할은 아직 없습니다. 세종시는 백제의 슬픈 역사를 아름다운 미래로 만들 수 있는 방안이어야 합니다. 백제의 영역을 다시 살리려면 금강 부활이 전제되어야 하고, 금강 유역의 군산, 부여, 논산, 공주 등이 주변 일대의 농촌과 함께 새로운 도시 권역을 형성하게 해야 합니다.

금강과 새만금, 부여, 군산, 전주, 익산, 김제, 정읍이 강력한 도시 연합을 이루면 수도권과 경쟁할 수 있는 도시가 됩니다. 새만금에 관한 구상의 핵심은 당시 건설 중이던 방조제 사업을 환경운동가들의 주장대로 백지화하지는 말되, 해수 유통이 되는 안바다를 만듦으로써 '환경 보호 대 지역 개발'이라는 해묵은 논란을 넘어서자는 것이었습니다(「새만금의 미래를 여는 새로운 시각」, 『창작과비평』 2002년 겨울호). 이 구상은 이듬해(「새만금, 호남평야, 황해 도시 공동체」, 『창작과비평』 2003년 가을호)에 수정, 보완했다가 2년 뒤에 다시 정리해서 『희망의 한반도 프로젝트』에 수록했습니다. 그 후 새만금과 중국 횡단철도의 시발점인 롄윈강連雲港을 연결해 열차페리 구상을 현실화하는 방안을 제안했는데(이일영과의 대담, 「새로운 한반도 공간 전략을 찾아서」, 『창작과비평』 2007년 봄호), 익산에 모인 경부·호남 철도를 세계 최대의 중국 횡단철도와 연결하려는 것이었습니다. 새만금과 전주와 익산, 군산, 정읍, 김제가 안으로 타고 들어와서 부여에 이어지고, 변산반도와 고군산군도까지 어우러져 열차페리를 통해 롄윈강을 거쳐 중국의 중심인 중원에 이르고자 하는 마스터플랜입니다.

금강 유역에 새로운 도시 권역을 이루려면 금강을 중심으로 새로운 산업을 일으켜야 합니다. 금강 부활은 금강을 서해안과 한반도 중부권의 물류와 서비스 중심으로 만들고 창조적인 새로운 산업을 일으킬 인구 기반을 조성하는 데서 시작되어야 합니다. 금강 수계는 대부분 군산으로 빠져나가고 만경강과 동진강 수계는 새만금으로 빠집니다. 금강 수계는 수량이 풍부하고 만경강, 동진강 수계는 수량이 적습니다. 때문에 새만금은 오염될 수밖에 없습니다. 새만금의 오염을 감소

시키기 위해 금강의 수계와 만경강의 수계를 연결시켜야 합니다. 홍수 때문이라는 핑계로 5공화국이 하구언을 건설한 이후 금강은 죽었습니다. 바다를 부여까지 끌어올리고 금강과 새만금을 관통하게 하면 새만금의 오염 문제도 해결되고 바닷배가 들어오게 할 수 있습니다. 금강 하구와 만경강 하구를 연결하면 금강 유역 도시군이 새만금 바다 도시로 이어져 신백제의 대공간을 이룰 수 있고, 한반도는 수도권 못지않은 또 하나의 세계화 도시 구역을 갖게 될 것입니다. 그러기 위해서는 옛 백제의 영역을 하나가 되게 할 금강과 새만금을 하나가 되게 해야 합니다.

  수도권 과밀로 국가 불균형 발전이 초래되었다고 해서 수도권이 이룬 것을 지방이 나누어 갖자는 것은 실현될 수 없는 일입니다. 국토의 불균형 발전을 해결하려면 복수의 도시와 농촌이 한 도시 권역을 형성하는 도시 연합을 만들고, 산업클러스터와 연대해 세계 경제를 상대할 수 있는 어반클러스터를 형성해야 합니다. 그럼으로써 수도권과 겨룰 수 있고 세계적으로도 경쟁력을 갖는 지방의 독립적인 경제 권역화를 꾀해야 합니다. 바로 그 방안이 다수의 중소 도시와 농촌이 도시 연합을 이루고 산업클러스터를 통합하는 어반클라스터를 형성하는 것이며, 이것이 바로 지방권 자립화를 위한 길입니다.

  이제 경제 단위는 국가가 아니라 도시 권역입니다. 경쟁력, 삶의 질 등 중요한 도시 지표는 국가나 지방이 아닌 도시 권역 단위로 나타나고 있습니다. 아직까지 서울·수도권과 영남의 산업클러스터 외에는 도시 권역이 제대로 만들어지지 못하고 있으며, 영남권도 산업클러스터일 뿐 대도시와 소도시와 농촌이 상생과 조화를 이루지 못하고 있습니다. 그 점에서는 서울·수도권도 본질적으로 마찬가지입니다. 소도시와 농촌들은 대도시에 종속되고, 농촌은 비자립적이 되었습니다. 인천, 대구, 대전, 부산, 울산 등 광역시 중심의 경제 구조도 결국 대도시 중심으로 주변 도시와 농촌을 아우르지 못한 채 지방권 몰락을 가속화하고 있습니다.

세종시와 새만금 바다 도시를 계기로 대도시와 경쟁할 수 있는 신개념 도시 권역의 모범을 금강·새만금 일대에서 만들어야 합니다. 라인 강을 중심으로 도시와 농촌이 산업클러스터를 이룬 라인 동맹이나, 이리Erie 운하 유역의 도시와 농촌이 도시 연합을 형성하면서 내륙의 산업클러스터와 연결된 뉴욕·시카고의 도농 집합체가 그런 어반 클러스터입니다. 지금까지 한반도 도시 정책은 대도시가 주변 도시와 농촌을 병합 종속시킨 공단 제조업과 대도시 서비스 산업의 두 축을 기본으로 했습니다. 그러나 세계 경제의 축이 공단 제조업에서 창조적 도시 신산업으로 이동하면서 대도시 중심 정책의 대전환이 필요해졌습니다. 창조적이고 획기적인 발상의 전환이 필요한 대목입니다.

세종시를 세종시의 문제로만 보는 것은 지금보다 문제가 많아질 뿐 나아지는 점이 없습니다. 워싱턴 D.C.의 정부 관련 산업은 국회, 대통령, 사법부, 행정부가 다 있는데도 20퍼센트밖에 안 되는 점을 유의할 필요가 있습니다. 그러나 세종시로 행정부를 옮기기로 한 것은 국민적 합의입니다. 행정부의 상당수가 내려간다는 전제 아래 현재 우리 산업의 단계와 능력으로 세계화가 가능한 산업이 무엇일지, 또한 50

만 인구를 허용할 수 있는 국제화 도시가 어떤 산업으로 가능할지를 생각해 내야 합니다. 우리가 제일 처음에 이루었던 산업이 철강과 석유화학입니다. 두 번째가 조선과 자동차, 세 번째가 전자 산업이었습니다. 이제 모두가 세계 최강 산업이 되었습니다. 그다음 단계로 우리가 비상할 수 있는 것이 해양 산업과 항공기 산업입니다. 철강은 톤당 가격을 매깁니다. 자동차는 무게가 아닌 테크놀로지와 디자인으로 가격이 매겨집니다. 해양 산업과 항공 산업이 결합하면 전자 산업과 마찬가지로 최고의 부가가치를 지니게 됩니다. 철강 부가가치의 열 배가 자동차, 그것의 열 배가 항공·해양 산업입니다. 현재의 항공 산업은 미국과 유럽이 독점하고 있습니다. 하지만 아시아 해양 시장과 항공 시장은 미국이나 유럽과 상황이 다릅니다. 아시아 내에서만 움직이는 해양과 항공 수요가 빠르게 상승하고 있습니다. 새만금과 금강과 공주, 그리고 대덕의 과학 단지들과 카이스트가 결합해서 실질적으로 우리의 10년 뒤를 이끌어 갈 산업이 해양 산업과 항공 산업입니다. 새만금은 제가 발표한 지 10년 만에 일부가 모방적으로 채택되고 있는데, 세종시에 관해서는 해양 산업과 항공 산업의 집합 공동체에 대한 저의 복안이 언젠가 수용되지 않을 수 없으리라 믿습니다. 이를 위해서는 대통령이 결단을 내려 미국, 프랑스 등 세계 지도자들의 동의를 얻어야 합니다. 50만 인구를 수용하고, 그 가운데 3분의 1은 외국 인력이 들어오게 함으로써 아시아의 해양과 항공의 허브 도시가 될 수 있는 중심 산업을 만들어야 합니다. 특단의 계획이 아니면 어떠한 것도 세종시를 성공시킬 수 없습니다. 새만금 수상 도시의 해양 산업과 금강의 역사 도시화된 대덕·세종시의 항공 산업 집합에 세종시의 길이 있습니다.

(4) 영산강·다도해·섬진강 바다 도시

영산강은 일반적인 의미의 강이 아닙니다. 영산강은 바다가 밀려 들어온 강이라 홍수 피해가 제일 컸습니다. 박정희 대통령 때 서둘러 둑을 쌓아 하구언으로 막았습니다. 그러다 보니 강과 바다의 중간 지대이던 영산강이 영산호라 불리는 거대한 호수가 되어 버렸습니다.

영산강은 다도해의 흐름이 밀려오는 다도해의 강입니다. 영산강을 살리기 위해서는 다도해와 함께 가야 합니다. 영산강과 섬진강은 다도해의 일부입니다. 다도해가 무등산으로 들어온 것이 영산강이고, 지리산으로 들어온 것이 섬진강입니다. 두 강 사이에 무등산과 지리산이 있어 가깝고도 먼 강이 되었습니다. 수계가 서로 달라 같은 산의 흐름이 하나는 섬진강이 되고 하나는 서남으로 빠져 영산강이 되어 서로 다른 영역을 이루었으나, 영산강과 섬진강은 역사·지리적으로 하나의 공간입니다. 두 강을 연결해야 합니다. 프랑스 대서양변의 보르도Bordeau를 가론Garonne 강과 미디 운하가 지중해로 연결한 것처럼, 영산강과 섬진강을 댐으로 오르내리게 하며 지리산에서 연결시켜야 합니다. 그리하여 전남 일대를 영산강과 섬진강이 다도해와 함께하는 거대한 섬으로 만들면, 이는 세계 어느 곳에도 없는 명승지가 될 것입니다. 다도해가 무등산과 지리산 안으로 들어와 서로 연결되면

바다와 육지와 땅과 하늘이 어우러진 곳을 만들 수 있습니다. 그것이 '영산강 살리기'의 답입니다. 현재 4대강 사업의 주목적은 홍수 방지, 수자원 확보, 수변 공간 개발의 세 가지인데, 그 모두가 영산강에는 맞지 않습니다. 영산강과 다도해와 섬진강이 무등산과 지리산을 타고 연결되게만 하면 새로운 세계를 열 수 있습니다. 그 뒤 하구언을 허물면 그리스 에게 해 남쪽의 키클라데스Cyclades 제도보다 뛰어난 최고의 자연 경관을 연출할 수 있습니다.

지금 한반도의 반 이상이 공단 도시가 되었습니다. 영산강과 섬진강과 다도해가 하나가 되면 천혜의 자연을 가진 창조 산업과 관광이 조화될 수 있습니다. 이것이 영산강, 다도해, 여수 엑스포가 지향해야 하는 방향입니다. 여수 엑스포에서 섬진강과 영산강을 연결하는 안을 발표하고 현장에 함께 가 보게 하면 세계인의 관심을 모으는 국제 행사가 될 수 있습니다. 지구 어디에도 없는 바다와 산이 함께하는 세상을 보여줄 때 세계가 감동할 것입니다.

　농촌과 도시가 다 잘사는 나라가 강한 나라, 좋은 나라입니다. 참여정부가 시종일관 해 온 정책이 국가 균형 발전인데, 꿈과 비전을 이룰 실천 전략을 갖추지 못하고 서두르기만 했습니다. 국가 균형 발전의 요체는 지방권의 자립과 세계화이며, 이를 위해 적정 규모의 지역권을 설정하고 각각에 맞는 전략을 수립할 필요가 있습니다.

　부산과 대구가 집중적인 투자에도 불구하고 변방의 도시로 남은 것은 인재와 정보와 금융과 권력이 서울에 집중되었기 때문입니다. 부산과 대구의 하드웨어는 무시 못할 수준입니다. 대구와 부산의 자립은 지방 분권이 이루어지고 지방 정부의 세계화가 성공한다면 가능한 일이지만, 현재 지방 자립이 도저히 불가능한 곳이 서남해안입니다. 서남해안은 부산과 대구에 비해 거의 투자를 하지 않아 인구도 산업도 없는 사막과 같은 곳이 되었습니다. 대구와 부산의 정체는 상당 부분 자기 탓이지만, 서남해안의 정체는 나라 탓입니다. 대구, 부산 일원에 집중된 투자가 서남해안 일대에 이루어져야 합니다. 그러나 문제는 영남 일원에 한 만큼의 투자를 한다 해도 기존의 방식으로는 아무것도 이룰 수 없는 상황이 되어 버린 것입니다.

　목포의 대불단지와 광주의 첨단과학단지가 영남 일원의 산업도시나 수도권을 당할 수 없습니다. 제조업 대부분이 중국에 덜미를 잡힌 상황에서 제조업으로 성공할 수 있는 것은 없습니다. 첨단 산업을 말

하나 현재의 인구 구조로 이 지역에 또 하나의 첨단 산업 중심지를 마련한다는 것은 억지 춘향입니다. 서남해안에 영남과 수도권에 했던 식의 투자를 반복할 것이 아니라 황해가 신경제 권역으로 등장하는 새로운 판을 염두에 둔, 이곳만이 할 수 있는 특유의 산업 전략을 수립해야 합니다. 미국 서부 해안이 동부 지역의 성공한 산업을 뒤따르지 않고 새로운 산업을 일으켰기 때문에 미국이 세계 국가가 될 수 있었습니다. 19세기까지 변방이던 프랑스 남부 해안이 파리 중심의 수도권 못지않게 잘사는 도시 권역이 된 예와 같은 차별화 도시 전략이 필요합니다.

한반도와 일본, 중국의 교역이 가장 빈번할 때 소통의 중심이었던 곳이 서남해안입니다. 서남해안은 중국과 일본을 상대해야 합니다. 수도권보다 중국 동부 해안 도시군, 그리고 일본 열도의 서남해안 도시군과 교류해야 합니다. 중국 동부 해안은 미국 동부 해안 못지않은 경제권이며 일본은 세계 제2의 경제 대국입니다. 그리고 5000만 화교도 있습니다. 중국 동북 해안과 일본, 그리고 동남아의 화교를 상대로 한 산업을 일으켜야 합니다. 단순한 관광이 아니라 그들이 투자하고 와서 살게 하는 창조적인 도시를 만들어야 합니다. 아드리아 해의 달마티아Dalmatia, 지중해의 코트다쥐르Côte d'Azur는 관광지라기보다 산업과 휴양이 함께하는 복합 도시가 되었습니다. 서남해안에도 황해 일원의 인구를 대상으로 새로운 산업과 함께하는 신천지를 만들어야 합니다.

서남해안이 산업화되지 않은 것은 오히려 원대한 기회가 남은 것입니다. 다도해는 세계적인 자연유산입니다. 해상 공원으로 둘러싸인 서남해안 같은 바다는 세계에 드물고, 제주도도 그 자체로는 자립할 수 없는 규모지만 훌륭한 관광지입니다. 다도해와 서남해안을 연결하고 제주도를 합하면 세계에 유례가 없는 해안 링크를 만들 수 있습니다. 서남해안을 아름답고 살기 좋은 곳으로 만들면 중국과 일본 사람들이 오고 세계인이 찾게 됩니다.

서남해안 일대에 지금처럼 대규모 관광 단지를 따로 짓는 것은 미래의 가능성까지 없애는 일입니다. 서남해안 마을 하나씩을 모두 세계 문화유산급으로 만들어야 합니다. 진도에 서남해안 바다 오아시스 계획을 세워 세계 자본과 인구가 오게 하는 계획을 제시했으나 지방 정치가와 관료들에 의해 흐지부지되었습니다. 서남해안에 다섯 오아시스를 만들고 바닷길을 열어 다도해와 제주도, 진도와 완도가 일일 생활권이 되게 하고 적절한 위치에 3~5만 인구의 유토피아를 만들 수 있습니다. 서남해안에서 이루어야 하는 것은 균형 발전이 아니라, 21세기 동북아시아의 새로운 형국 속에서 서남해안의 가능성과 잠재력을 조직화한 세계화 전략입니다.

1969년 한강 마스터플랜을 할 때 헬기를 타고 하늘에서 한강을 내려다보았습니다. 한강은 거대한 습지였습니다. 그래서 한강이 한반도의 중심인데도 한강변에 역사 도시가 없었다는 것을 알았습니다. 런던, 파리, 뉴욕에 갈 때마다 제가 관심 있게 찾아보는 곳은 템스 강, 센 강, 허드슨 강입니다. 베니스대학과 컬럼비아대학에서 가르치고 있을 때도 4대강이 머릿속을 떠나지 않았습니다. 금강은 가장 한반도다운 강이기에 제가 살아온 낙동강보다 더 사랑했고, 한때 그곳에 살 생각도 했습니다. 금강은 하늘과 땅이 함께 흐르는 강이고, 천 년의 기다림과 좌절이 있는 강입니다. 낙동강이 가야와 신라 이래 고려와 조선조를 지나 오늘까지 살아 있는 강이라면, 금강은 천 년 동안 죽어 지낸 강입니다. 영산강에 처음 가 보았을 때 놀랐습니다. 바다 금강산이 한반도 남단에 있었습니다. 저는 금강산 입구 석왕사 앞에서 태어난지라 자연에 대한 감수성이 남다르다고 생각했는데, 영산강과 다도해를 보고 그만 감격을 감출 수가 없었습니다. 금강을 신백제의 수도로, 영산강을 동아시아의 리비에라로 만드는 일이 4대강 사업의 주요한 목표가 되어야 합니다.

한반도는 실질적으로는 조선조에 와서 확정된 압록강, 두만강 이남의 반도와 강화도, 거제도, 진도, 제주도 그리고 다도해가 그 영역입니다. 한반도는 이탈리아 반도와 같은 반도지만 물상적으로는 섬입니다. 압록강과 두만강으로 인해 만주 대륙과 한반도는 다른 땅이 되어 있습니다.

한반도는 산의 나라가 아니라 강의 나라입니다. 한반도의 지리와 역사를 하나가 되게 한 가장 큰 요소가 강입니다. 이북에서는 압록강, 두만강, 대동강이 한민족의 삶의 근원이었고, 이남에서는 한강, 금강, 영산강, 낙동강이 그러했습니다. 이북의 강은 다산이 『대동수경』에서 자세히 정리해 놓았으나, 이남의 강에 대한 연구는 다산이 이룬 것만큼 아직 아무도 못하고 있습니다. 한국 학계의 비극입니다.

국토 기획은 인문학, 사회과학, 자연과학이 집합해야 하는 분야입니다. 정치권에 발을 내디딘 학자들 말고 여러 분야의 진정한 전문가들이 4대강 논의에 참여하기를 바라며 글을 정리했습니다. 세상을 잊으면 그뿐이지만 그럴 수 없는 일 아닙니까. 4대강은 지금 길을 잃고 있습니다. 4대강은 남의 일이 아닙니다. 나보다 더 큰 상상력과 실행력을 가진 우리 젊은이들이 한반도에 대한 사랑을 공유하고 4대강 제대로 살리기에 참여하기를 기대하면서 이 글을 썼습니다. 저의 글이 이명박 대통령에게도 도움이 되기를 진심으로 바랍니다.

부록

―

나의 건축·도시·인문학 40년

한국 문명 그리고 나의 건축과 도시

건축가가 쓴 인문학을 알려면 그의 건축을 아는 일이 지름길일 것이다.

지난 40년 명목상으로는 건축가이며 건축과 교수로 지냈지만, 정작 내가 20년이 넘는 세월 동안 해온 일은 도시설계와 인문학이었다.

베니스대학에서는 중세와 르네상스의 인문학과 도시를, 칭화대학에서는 유학의 본향인 취푸曲阜 연구와 취푸 신도시 설계를 하는 데 3년여를 바쳤고, 컬럼비아대학에서는 새만금과 차이나 게이트라는 이름의 밀라노디자인시티를 설계하는 데 대부분의 시간을 보냈다. 책 끝 부분에 영어로 발표한 컬럼비아대학 취임 연설을 다시금 번역해서 이렇게 더한 것은 인문학을 떠나 건축·도시의 길에 들어섰던 나의 작품과 철학을 소개하려는 것이다.

나는 우리 생각과 행동의 꽤 많은 부분이 집단 잠재의식에서 비롯한다고 믿는다. 우리의 창조적인 표현이 어디서 비롯되는지 알고 싶다면, 우리가 속한 문화와 인종의 집단의식이 어떤 상태인지를 알아야 한다. 자신의 문화적 DNA를 자세히 보아야 한다는 것이다. 그러므로 나는 '나의 건축·나의 도시' 이야기를 한국의 문명과 문화의 DNA

로부터 시작하고 싶다.

한국 건축은 중국 건축처럼 공간 형식에 복잡한 철학 사상을 담고 있지도 않고, 일본 건축처럼 금욕적인 축소 정신에 집착하지도 않는다. 한국 건축에서는 중국이나 일본의 건축과는 다른 특징들을 다양하게 볼 수 있다.

나는 한국 건축을 이해하는 중요한 키워드가 '이원성'duality이라고 생각한다. 아마 그 이유는 한국이 지리적으로 반도 국가라는 데 있을 것이다. 한국의 기원은 북쪽에서 유목민이 내려오고 남쪽에서는 농경민이 올라오던 5000년 전으로 거슬러 올라간다. 남과 북에서 서로 이주하는 사람들이 합류하던 바로 그 초창기에서 한국 문화의 근간에 자리 잡은 이원성의 기초를 찾을 수 있다.

이러한 이원성은 한국인의 정신생활에도 담겨 있다. 초창기 한국인들의 신앙 구조 핵심에 자리한 샤머니즘은 유목민의 특성이었다. 지난 2000년 동안 불교와 유교, 기독교 같은 외래 종교와 철학이 들어와 큰 흔적을 남겼으나, 이들 종교 사상들은 각각 정도는 다르지만 이 반도 국가의 고유한 정체성의 일부가 된 샤머니즘적인 의식 및 신앙과 공존해 왔다. 각각의 신앙 체계가 서로 어느 정도 상반된다는 점을 고려할 때, 이원성이 존재한다는 사실은 다소 역설적이다.

여기서 내가 말하려는 것은 한국인의 정신적 중심과 문화가 표현된 건축과 도시를 한국인의 생활에 담긴 이원성이 반영된 산물로 보아야 한다는 점이다. 한국의 건축과 도시는 거의 2000년 동안 단순성과 복잡성이 나란히 진행된 것임에 틀림없다. 현실과 영원이, 세속과 종교가, 기하학적 질서와 유기적 질서가 이원적으로 결합해 같은 공간 환경에서 조화를 이루며 공존한 것이 한국의 건축과 도시다. 이제 내가 말한 내용을 구체적으로 설명하려고 한다.

경주 왕릉

경주의 왕릉들은 신라 왕국을 통치했던 왕과 왕비들이 묻힌 곳이다. 오늘날은 유적으로만 남아 있지만, 기록상으로 천년 왕국 신라의 수도 서라벌에는 약 17만 8000가구가 살았다고 한다.

바로 이곳에서 한국 건축과 도시의 진정한 기원과 정신이 존재하는 문화적 DNA의 흔적을 찾을 수 있다고 생각한다. 나는 천 년이 넘는

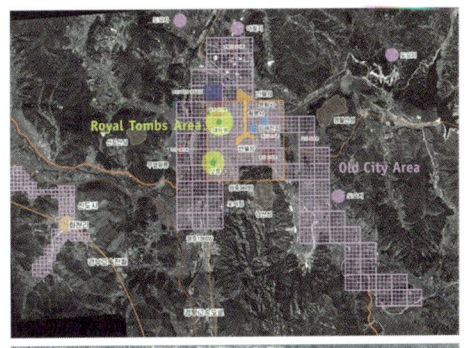

시간 동안 고분들이 고도古都의 중심부 오른쪽에 자리했다는 사실이 중요하다고 믿는다. 그러니까 도시 오른쪽에 영원을 상징하는 공간과 현재가 함께 있었다. 천년 고도에는 현재와 영원이 결합해 있었다. 이것은 한국인들이 생활하는 이원성의 특징이다.

   이런 고분들을 보며 가장 분명하게 느끼는 것은 소박한 모습과 절대적인 단순함이다. 고분들은 주위 환경에 완전하게 속해 있다. 나는 이 자연스러운 형태와 토지의 배열을 존중하는 요인이 한국의 건축과 도시의 전통을 이해하는 기본 요소라고 생각한다. 그러나 외부로는 이토록 절대적인 단순함을 보이는 반면, 고분의 내부 차원에는 복잡성이 존재한다. 단순 소박한 고분 속에 고도로 기하학적이며 유기적인 미술품들이 수장되어 있었다. 그 유물들과 고분군 사이의 이원성에 한국 문명 DNA의 정체가 있는 것이다.

불국사

불국사는 문자 그대로 부처의 나라에 있는 절을 의미한다. 이곳 역시 경주에 있으며, 6세기에 중국의 영향을 받아 창건되었다. 이 절은 한국 문명의 이원성이 담기고 통합된 좋은 예라고 할 수 있다.

여러 기능이 혼합된 거대한 사찰에 샤머니즘의 토착 세계와 불교 세계가 공존하고 있음을 볼 수 있다. 주 전각(대웅전)은 법당이지만, 그 뒤에 샤머니즘의 사당이 있다. 더욱이 대웅전 앞뜰은 유형의 세계를 나타내는 반면, 왼쪽 마당은 내세의 무형 세계를 위한 공간이다. 그러므로 지금 살고 있는 현세의 유有의 세계와 내세의 무無의 세계가 통합되어 있음을 볼 수 있다.

절로 들어가는 석조 계단 아래에는 예전에 마을이었기 때문에, 돌계단은 속세에서 순수한 불토로 올라가는 것을 상징한다. 그러면서 현세와 불토는 분리되지 않고 상호 의존적이며, 공존한다.

불국사의 전각들은 자연스러운 지형에 순응해서 배열되어 있다. 결과적으로 중국의 사원과 궁궐에서 보이는 엄격한 좌우 대칭이 보이지 않는다. 불국사의 전각 배치는 훨씬 유기적이고 자연 친화적이다.

석조로 된 기단에 기하학적 질서와 유기적 질서가 공존하는 것을 볼 수 있다. 이것은 아주 분명하다. 대략적인 구조인 대들보와 초석은

기하학적으로 빈틈없는 형태를 취하고 있지만, 여백을 채우는 돌들은 거의 무질서해 보일 정도의 유기적 질서를 극명하게 나타낸다.

불국사의 상징인 다보탑과 석가탑은 대법당 앞뜰에 있다. 하나는 화려하고 다른 하나는 소박하다. 두 탑은 한국의 전통 전체에 흐르는 단순함과 복합성의 융합을 상징적으로 나타낸다.

해인사 불교단지

해인사 불교단지에는 본 사찰이 있고, 합천 가야산 여기저기에 암자 16개가 흩어져 있다. 802년에 창건되었지만, 실제로는 절 대부분이 10세기에 중건되었기 때문에 10세기 건축군인 산상山上의 도시다.

헬기에서 내려다보면 마치 숲 속의 바다에 배가 떠 있는 것처럼 보인다. 절대적인 단순함과 평온함의 표현이다.

그러나 땅에 내려 좀 더 가까이 다가가서 보면 훨씬 복잡한 모형이 드러난다.

건축 양식적으로 중요한 것은 유기적이면서 기하학적인 질서의 융합이 어떻게 이루어졌는가이며, 이를 관찰할 수 있다. 하늘에서보다 땅에서 훨씬 유기적인 구조 무리를 볼 수 있다. 움직이면서, 즉 4차원의 세계로 해인사를 보면 구조 자체는 같지만 단지 전체는 훨씬 유기적으로 주변 자연환경과 조화를 이룬다.

팔만대장경을 보관하고 있는 세계문화유산이기도 한 해인사 장경

판전은 해인사 전체와 대응하는 또 하나의 세계다.

장경판전은 2500년 전부터 이어 온 불가의 말씀들을 문자로 보관한 공간이고, 해인사는 불경을 배우며 수행하는 공간이다. 이러한 서로 다른 이원 세계가 가야산의 대자연 속에 유有와 무無, 이승과 저승의 두 세계로 아름답게 조화를 이룬 곳이 바로 해인사다.

경복궁 · 창덕궁

14세기에 일어난 쿠데타의 시작은 크롬웰이 일으킨 청교도 혁명과 거의 비슷하다. 불교를 신봉하던 고려 왕조가 유교를 따르는 사대부와 군부에 의해 전복되었다. 사대부와 군부는 현세적인 유교 통치의 원리를 바탕으로 새로운 이상적인 나라 설립을 계획했다. 이 나라는 왕을 상징적인 지배자로 세운, 입헌군주제인 유교 국가를 지향했다.

1394년, 새로운 나라를 건국하기 위해 옛 고려의 도읍인 개성을 버리고 서울로 천도했다. 서울은 유교의 도시 계획 원리에 따라 세워진 완전히 새로운 도시였다. 하지만 흥미로운 점은 중국의 도읍에서 보이는 엄격한 기하학적 격자와 대칭 구조를 애써 따르지 않았다는 사실이다. 신도시 서울은 자연의 흐름과 조화를 이룬 도시 구조다. 새로운 수도 한양의 도시 계획을 통해서도 한국 건축과 도시의 상반되는 요소들이 융합하는 것을 볼 수 있다. 구조화된 계층적 설계와 주변 환경과의 유기적인 흐름이 세계 최초로 도시 규모의 유기적인 모형을 만들었다.

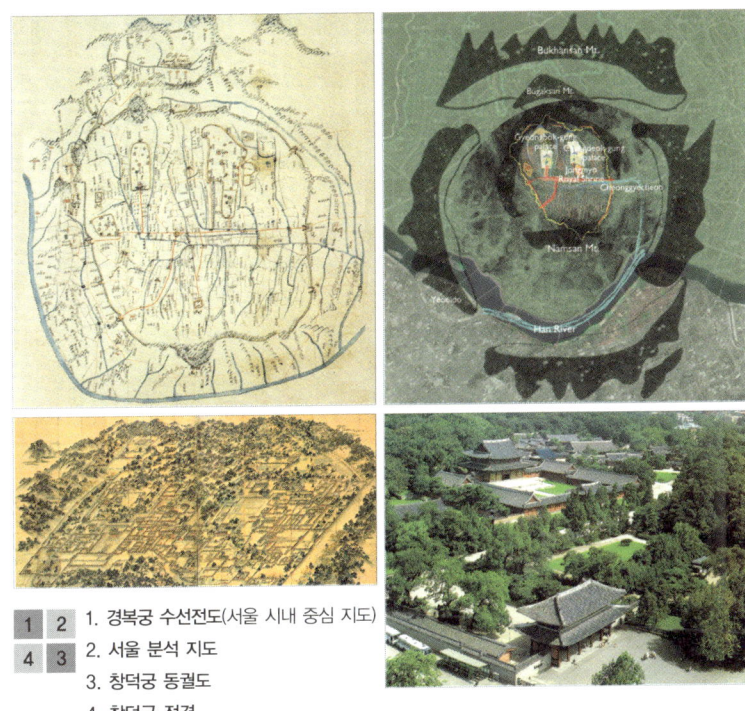

1	2
4	3

1. 경복궁 수선전도(서울 시내 중심 지도)
2. 서울 분석 지도
3. 창덕궁 동궐도
4. 창덕궁 전경

　당시 서울 도시설계를 분석한 지도를 만들어 보았다. 하얀색을 띤 두 지역이 궁궐인데, 왼편이 경복궁이고 오른편이 창덕궁이다. 정궁인 경복궁의 의미는 '큰 행복이 있는 궁궐'이라는 뜻이지만, 그렇게 행복한 장소가 되지는 못했다. 14세기에 창건된 경복궁은 임진왜란 때 소실되었다가 19세기 말에 복원되었으나, 일본인에 의해 또다시 약탈, 파괴되었다가 20세기 말에 다시 복원을 시작했다.

경복궁은 주축 위에 중국식의 엄격한 기하학적 대칭 원리를 면밀하게 따른 궁궐이다. 그러나 얄궂게도 경복궁은 왕의 마음에 들지 못했고, 1405년 또 다른 궁궐인 창덕궁이 완공되었다. 조선의 왕 대부분이 기거하기 좋아했던 곳은 오히려 창덕궁이다.

'미덕이 빛나는 궁궐'이라는 뜻을 가진 창덕궁을 공중에서 보면, 경복궁과는 상당히 다른 특징을 찾을 수 있다. 창덕궁에서 한국 건축 양식의 진정한 극치를 볼 수 있다. 창덕궁의 전체 계획은 중국의 주나라에서 비롯된 도시 계획과 궁궐 건축의 고전적인 원칙에 부합된다. 기본 개념은 왕궁이 도시 중심에 위치해 정부 건물들은 앞쪽에, 시장은 뒤쪽에 자리하며, 각각의 궁궐은 세 개의 문과 세 개의 뜰로 이루어져 있다. 이것들은 전통적으로 모두 엄격한 대칭 질서에 따라 배치된다. 그러나 창덕궁의 배열은 이러한 전통에 완전히 위배된다. 세 뜰이 다른 축을 따라 배열된 것이다.

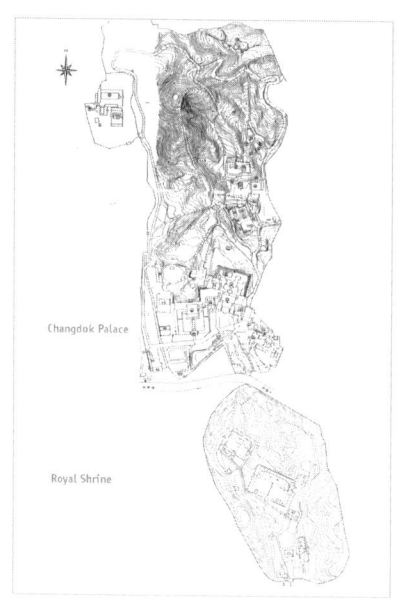

창덕궁과 종묘 배치도

더욱이 창덕궁은 숲이 우거진 주변 구릉의 자연스러운 형세와 조화를 이루게 설계되었으며, 궁 안의 전각과

종묘

정자는 자유롭게 배열되었다.

후원은 원래 자연환경이 어떻게 그대로 받아들여졌는지를 보여준다. 자연을 사람의 의지대로 만든 일본 교토에 있는 암석 정원들이나 중국 쑤저우蘇州에 있는 정원들과 이곳을 비교해 보라. 게다가 이곳에서는 유기적 형태와 기하학적 형태의 혼합, 환경과의 조화, 단순함과 복잡함의 융합의 극치를 볼 수 있다.

종묘

한국의 건축에는 언제나 형이하학적인 요소와 형이상학적인 요소가 혼합되어 있었다. 창덕궁과 연결되어 있는 종묘는 세속적인 특성과 종교적인 특성의 공생을 보여준다.

종묘의 위치와 건물의 배치, 조경에는 동양 사상의 상징이 많이 담겨 있으며, 계획 당시에 풍수 이론을 원용援用했음을 쉽게 찾아볼 수 있다.

 그러나 종묘는 중국 양식의 엄격한 좌우 대칭에서 벗어나 있다. 눈에 띄는 점은 어떻게 북한산과 응봉이 남산에 닿는 자연스러운 지형에 따라 건물들을 배치했는가다. 종묘 구내에는 건축의 유기적인 질서와 자연과의 조화가 있다.

한국 현대 건축

오늘날 서울의 모습에서는 한국 현대 건축의 현재 모습이 그대로 보인다.

건물 대부분이 서양의 아류 같은 특징을 지니고 있다. 실제로 이런 모습들을 보면 서울이 600년 된 도시라는 사실을 거의 믿을 수 없을 것이다.

현재 서울에서 보이는 건축물은 세계 어디서나 볼 수 있는 표준적인 상업용 건축물이다. 전쟁 후 한국과 수도 서울은 아주 빠른 속도로 발전했다.

현대 서울의 전경

1950년에 일어난 전쟁의 폐허 위에 다시 세워진 한국의 건축과 도시에 어떤 일이 생겼을까? 내가 느끼기에 오늘날 우리가 처한 상황을 잘 설명해 주는 유추가 하나 있다.

어렸을 때, 나는 아버지로부터 금붕어가 들어 있는 어항을 선물받았다. 그 뒤 며칠이 지나자 물고기들이 하나씩 죽기 시작했다. 그러더니 결국 한 마리만 남았다. 나는 이 금붕어 또한 죽는 것은 시간문제라고 생각했다. 그래서 마지막 남은 한 마리를 집 근처의 호수로 가져가 놓아 준 뒤, 호숫가에 앉아 추이를 지켜보았다. 그런데 이상하게도 금붕어는 어항에 있을 때처럼 계속 원을 그리며 헤엄을 쳤다. 다음 날 다시 호숫가에 가 보았더니, 그 금붕어는 사라지고 없었다. 그 물고기가 어디로 갔는지는 알지 못한다.

나는 이 이야기가 우리나라 건축 상황을 아주 잘 요약해 준다고 생각한다. 20세기부터 한국의 건축은 갑작스레 다양성과 역동성으로 가득 찬 세계 건축이라는 커다란 호수에 던져졌다.

하지만 금붕어처럼 커다란 호수에 있으면서도 넓게 펼쳐진 창조와 창작의 바다를 자유롭게 헤엄쳐 가지 못하는 것이다. 궁극적으로 자신이 속해 있지 않은 다른 전통의 아이디어와 스타일에 여전히 순응하고 타협하며, 베껴 내는 데만 급급하다.

나는 이렇게 된 이유들 가운데 하나는 오늘날 한국 건축이 자신의 근원을 잊었기 때문이라고 말하고 싶다. 현재 우리나라 건축은 자신이 어디서 왔는지를 망각했다. 과거에 자신을 만들었고 자신만의 특징을 부여했던 근원과의 접촉이 끊어져 버렸다. 이와 같이 스스로를 망각했기 때문에 새롭고 독특한 어떤 것으로 변형하지 못한 것이다.

프랑스 대사관

나의 스승인 김중업 선생의 작품을 소개하고 싶다. 나는 그분 밑에서 4년 동안 배우며 일했다. 선생은 5년 동안 르 코르뷔지에의 제자였다. 사진의 건축물은 서울에 있는 프랑스 대사관이다. 이 건축물을 보면 김중업 선생이 코르뷔지에에게 영향을 받았다는 사실을 분명히 알 수 있다. 그러나 코르뷔지에의 요소와 선생의 타고난 한국적인 모습을 이 건축물에서 통합하려고 했다는 사실 또한 확인할 수 있다. 김중업 선생 자신이 갖고 있는 자연의 유기적인 질서 의식과 코르뷔지에 양식의 외형을 혼합한 것이다. 이런 식으로 선생의 작품은 내가 앞에서 말했던 중국적인 요소와 한국적인 요소가 통합된 점을 찾아내려고 한 과거의 사례들을 많이 생각나게 한다.

프랑스 대사관 건물 자체는 한국의 전통 양식을 많이 따랐다. 외부 공간이 크게 강조되고, 과거 궁궐과 사원 건축물들에서 발견되는 것과 비슷한 유기적인 미학을 볼 수 있다.

프랑스 대사관은 자연에 민감하며 주변 환경에 동화되어 있다. 이런 면에서 선생은 한국 건축의 정신을 특징짓는 요소들을 이해했고, 그것을 표현했다. 선생은 어떻게든 한국 건축의 미학을 포착하려고 했다. 하지만 무엇인가 부족한 구성 요소가 있는 것 같다. 김중업 선생이 과거를 이해한 것은 분명하지만, 미래까지 읽었다고는 생각되지 않는다. 선생은 새 건축 언어에 과거의 실체를 넣었지만, 실제로 그 시간의 정신과 에너지까지 포착했다고는 보이지 않는다. 선생의 작품은 교량과 같다. 새로운 무엇인가를 향해 움직이지만 아직 도착하지는 않은 것 같다.

고고학적 미래주의

　2000여 년간 한국의 건축과 도시 원리와 미학은 본질적으로 같은 상태를 유지했다. 그 뒤 최근 100여 년 동안 갑자기 유럽에 근원을 둔 건축 체계가 소개되고 첨가되었다. 그 결과 한국의 건축과 도시에는 그 시대의 정신을 설명하는 고유한 건축과 도시 용어가 부족해졌다.
　한국 건축은 발전의 산물도 아니고, 새로운 것도 아니다. 따라서 나는 새로운 건축 양식이 필요하다고 생각한다. 서양에서 빌려 온 것도 아니고 과거를 모방하는 전통주의적인 시도도 아닌, 동양과 서양을

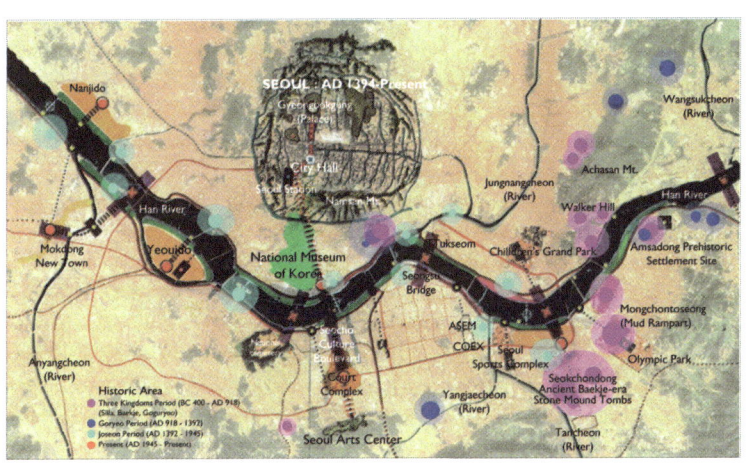

융합하는 것이 필요하다. 나는 그렇게 두 양식을 포괄하는 건축 양식을 '고고학적 미래주의'Archeological Futurism라고 부르고 싶다.

이 말은 우리의 고고학적 과거로부터 우리 문화의 DNA를 재발견해야 한다는 뜻이다. 이렇게 할 수 있다면 우리의 진정한 정체성이 어디서 유래하는지를 이해할 수 있을 것이다. 그렇게 할 때 현대의 최신 기술과 진보를 수용하고 활용해 새로운 건축 양식과 우리 시대의 형이상학적인 정신을 올바르게 표현할 무언가를 창조할 수 있다.

1960년대의 스케치들

이제부터 소개하는 것은 내가 20대 말과 30대 초에 그렸던 스케치들이다. 일찍이 나는 동기들처럼 유학을 가고 싶었다. 그런데 김중업 선생이 유학 가지 말고 당신과 함께 일하자고 권했다. 그래서 김중업 선생과 4년을 함께 작업했는데, 그 뒤에도 해외로 나가고 싶은 마음이 간절했다. 실제로 누이가 이미 컬럼비아대학원에 다니고 있었기 때문에 해외로 나가는 편이 더 자연스러웠을 것이다. 하지만 나는 다른 연유로 서울에 남아 공부하면서 한국 건축과 도시계획에 대한 새로운 접근법과 방향을 찾아보기로 했다.

나는 근 4년 동안 하루에 다섯 시간만 자면서 나의 건축, 나의 도시에 대해 꾸준히 연구하고 일했다. 도면을 너무 많이 그리고 글을 쓰다 보니 손과 어깨에 통증이 심해 파스와 붕대를 감고 일을 해야 했다. 이 시기의 스케치들을 가지고 두 번의 전시회를 열었다. 하나는 '건축전'이고 또 하나는 '도시전'이었는데, 두 번 모두 서울 프레스센터에서 열렸다.

여기에 소개하는 스케치들은 1960년대에 그린 것들로, 지금 보면 순수하고 이상주의적으로 보일 수도 있다. 스케치들 가운데 단 하나를 제외하고는 모두 현실적이지 않았지만, 나타낼 수 있는 무엇인가와 연결시키려고 애쓰던 당시의 나에게는 아주 중요한 작업이었다. 아마 이런 스케치들에 훗날 탄생한 내 작품의 근원이 담겨 있다고 말할 수도 있을 것이다.

콘크리트 하우스

이것은 나에게 주어진 첫 번째 프로젝트다. 아버지의 집은 항구 도시 부산에 있던 일본인 거주 지역 가운데 한 곳에 자리한 일본식 가옥으로, 정원이 넓고 집의 규모도 컸다. 그 일대는 평지가 아니라 언덕 중턱이었는데, 일본인들은 이런 곳을 직사각형의 부지로 나누어 건물 짓기를 좋아했다. 아버지가 집터에 여름 별장을 짓고 싶어 하셔서 여러 장의 설계도를 보여 드렸다.

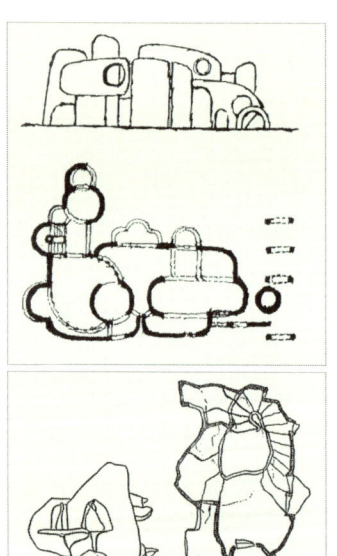

당시에 나는 르 코르뷔지에의 영향을 많이 받았고, 특히 롱샹교회에 크게 감동했기 때문에 나의 첫 번째 설계는 콘크리트 건축물

이었다. 나는 콘크리트를 그저 외관의 형태뿐만 아니라 내부 공간의 재료로 사용해 가소성을 표현하려고 했다.

실제로 두 개의 설계도를 내놓았는데, 하나는 작은 것이고 또 하나는 큰 것이었다. 그러나 두 안 모두 받아들여지지 않았다.

스틸 하우스

콘크리트 하우스 다음에 그린 스틸 하우스의 건축 설계는 나의 영감을 보여준다. 부산은 한국에서 가장 큰 항구로, 당시 한국 최대의 조선造船 회사들이 부산에 있었다. 나는 가끔 선박들이 건조되는 모습을 보곤 했다. 그리고 그런 선박 건조 방법을 나의 집에 접목시켜 보고 싶었다.

따라서 스틸 하우스 설계는 케이블로 연결된 굽이치는 주철판 벽과 두 개의 스틸 실린더로 구성되어 있다. 실린더는 폐쇄된 공간 벽을 만드는 한편, 자유 곡선으로 넓게 트인 방은 원통형과 굽이치는 벽 사이에 예기치 않은 공간을 만든다. 또한 이 설계에 하늘을 향해 개방되어 있는 데크deck를 포함시켰다. 이런 아이디어는 선박들이 건조되는 모습을 보고 떠올린

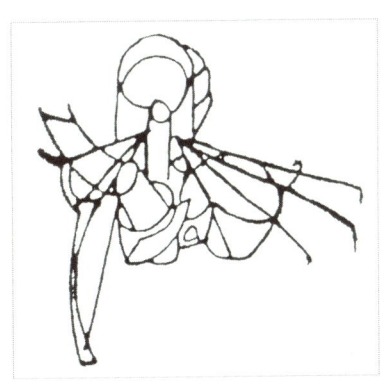

것들이다. 아버지는 이 제안도 거부하셨다. 이 제안이 정원의 분위기를 망칠 것이라고 하셨다.

케미컬 하우스

당시 아버지는 플라스틱 사출성형 사업을 하셨기에 나는 공장의 플라스틱 성형을 이용한 건물을 지을 수 없을까 생각하게 되었다. 그 과정을 활용하면 기존의 건축 재료를 사용하지 않고 특별한 형태를 창출해 낼 수 있을 것이라고 생각했다.

구조 형태는 어떤 건축 재료를 사용하느냐에 따라 크게 달라지기 때문에, 나는 이 단계에서 다른 재료를 사용하면 구조적 특징을 얼마나 많이 바꿀 수 있는지 확인해 보고 싶었다. 이것은 최초로 고분자 화합물인 폴리머重合體를 이용해서 건설될, 실험적인 주택을 위한 계획이었다. 이 계획은 다소 급진적이었기 때문에 아버지는 이것 또한 받아들이지 않으셨다.

나는 약 2년 동안 공상과 아이디어들을 가지고 고전한 끝에 우리 가족들이 섬머 하우스라고 부르던, 보다 재래식인 벽돌과 콘크리트 구조를 내놓았고, 아버지는 마침내 그 안을 받아들이셨다. 사실 이것이 내가 처음으로 실현시킨 작품이었다. 결국 고객의 요구와 기술적 실험의 타협 안인 나의 첫 작품이 탄생한 것이다.

이렇게 지어진 집은 기본 H구조의 두 벽 위에 나비같이 얹힌 지붕으로 이루어졌다. 그리고 '한쪽 끝은 고정되고 다른 끝은 받쳐지지 않

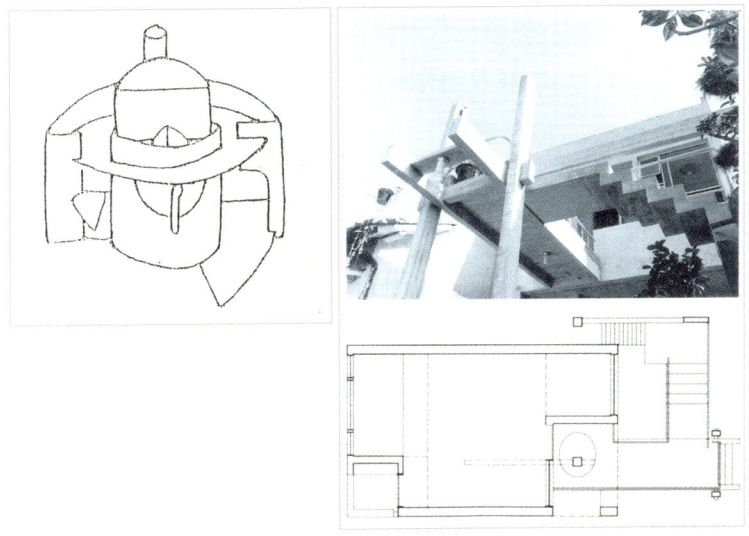

은' 외팔보 다리 위에 나무 계단으로 지면이 층 위에 뜬 형상이다. 본질적으로 나는 이전 설계의 실험 정신을 계속하려고 했다. 목조 가계단으로 연결해 2층 공간이 정원 위에 떠 있게 함으로써 정원과 건축 공간은 교량으로 이어지며, 전체 집의 형태는 하늘과 정원이 서로 다른 구조 형식을 이루게 했다.

이 집은 30년이 지난 뒤 동아대학교에 흡수되어 철거됨으로써 콘크리트 하우스, 스틸 하우스, 고분자 하우스와 같이 도면으로만 남은 건축이 되었다.

리버사이드 파빌리온

이전의 스케치들은 아버지의 집을 짓기 위한 안들로, 서로 다른 재료들을 가지고 그것이 구조 형태에 미치는 영향을 실험하는 것들이었다. 이 시기의 나머지 스케치들은 건축과 도시의 융합에 대한 나의 또 다른 관심을 보여준다.

사람들은 훌륭한 건축물을 말할 때, 부지 자체에서 가장 중요한 영감을 받았을 것이다. 훌륭한 건축물은 분명 심어져 있는 토양에서 자라는 나무와 같다. 그러므로 이 스케치들은 건축과 주변 환경 사이의 상징적인 관계를 입증하는 내 실험들을 설명해 준다.

나는 어릴 때 전형적인 작은 도시 경상남도 밀양에서 성장했다. 낙동강의 지류인 남천강이 마을을 관통하며 흐른다. 이 강을 따라 조금 가면 강이 내려다보이는 언덕에 '영남루'라는 아주 아름다운 전통 건축물이 있다. 이곳의 모습은 어린 시절의 가장 강한 추억으로 내 머릿속

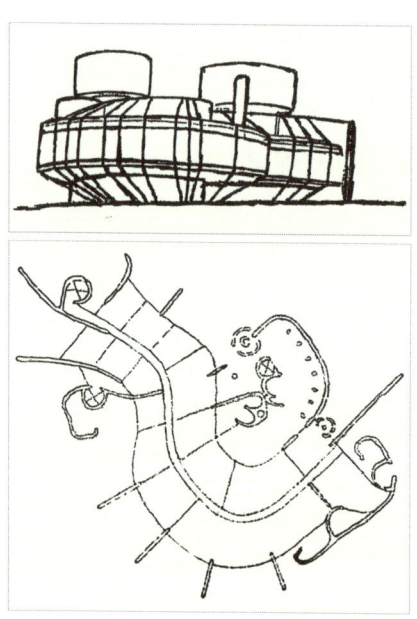

리버사이드 파빌리온 스케치와 평면

에 항상 남아 있다.

밀양시는 이곳 강가에 새로운 누각을 짓기로 계획했다. 그 소식을 들은 나는 이 옛 누각의 정신을 현대적인 건축 용어로 재창조하고 싶었다. 그래서 외팔보를 사용해 평지에 그 자체의 독립 구조로 떠 있는 담과 벽으로 이루어진 구조로 설계했다. 밀양시는 전체 프로젝트를 실현시키지 못했다.

프레스 빌딩

이는 옛 동아일보 사옥을 대체할 새 건물로 내가 제안한 설계다. 부지는 서울에서 가장 중요한 거리인 세종로와 종로가 교차하는 곳이다. 세종로는 중요한 정부 부처가 모두 자리하고 있는 경복궁 거리다. 종로는 전통적으로 옛 서울의 주된 상가들이 있던 가로街路다. 그러므로 새 동아일보 사옥이 들어설 부지는 600년 된 수도 서울의 심장부에 자리한다고 할 수 있다.

원래 수도가 계획될 때 의거했던 풍수지리에 따르면 경복궁은 서울의 기氣가 모이는 중심지인 주산主山 앞에 있고, 주 가로인 종로를 따라 청계천이 흘렀다. 따라서 나는 그곳의 정신과 자연의 기를 함께 포용할 아주 특별한 건물을 만들어 내고 싶었다.

설계는 땅에서 솟아 있는 열두 개의 옹벽과 그 사이를 연이어 가는 공간들로 이루어져 있다. 그러면 주산인 북악산과 내청룡內靑龍인 청계천의 기가 열두 벽 사이에 집중될 것이라고 생각했다. 그래서 나는

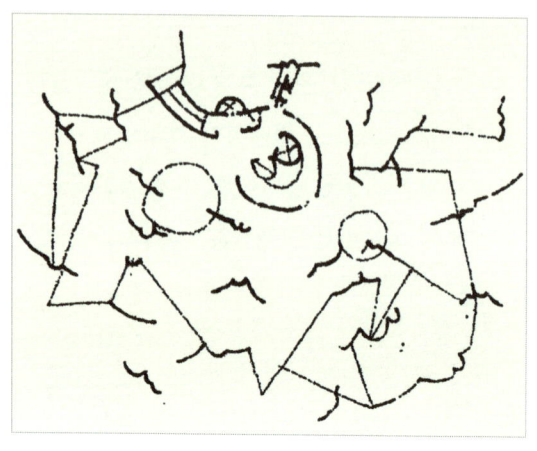

산과 강의 이원성과, 세종로의 정부청사들과 종로의 상가 건물이 어우러지는 구조적인 이원성을 표현하려고 했다. 그러나 이 설계는 채택되지 않았다. 얄궂게도 그로부터 약 28년 뒤, 동아일보 김병관 회장이 나에게 전화를 걸어 그 부지에 새 건물을 지을 생각이라고 말했다. 나는 놀랍기도 하고 흥분되기도 했다. 다음 날 만난 자리에서 김 회장은, 턴키 프로젝트(설계시공 일괄입찰)로 공모전을 여는데 내가 당선작을 선정하는 최종 심사관이 되어 주기를 바란다고 말했다. 그러면서 나에게 심사위원장이 건축가보다 더 높은 자리 아니냐고 했다. 얼마나 희극적이면서도 슬픈 일인가! 나는 제출된 프로젝트들을 살펴보았다. 그것들은 모두 미국 건축가들이 제출한 상업적인 평범한 사무실용 건물들이었다. 심사위원장인 나는 그 평범한 것들 가운데 가장 덜 나쁜 건축물을 선택할 수밖에 없었다.

김포공항

한국 건축계에는 두 사람의 대가가 있었다. 한 사람은 앞에서 말했던 김중업 선생이고, 다른 한 사람은 김수근 선생이다.

두 사람이 건축계를 양분하다시피 했다. 나는 두 번의 전시회를 연 뒤 김수근 선생의 초청을 받아, 당시 대규모였던 두 건의 프로젝트에 참여했다. 하나는 김포공항의 새 터미널 프로젝트였고, 다른 하나는 조선호텔 계획안이었다.

당시 김포공항 부지는 완전히 낯선 곳이었다. 처음 그곳을 조사했을 때, 나는 보통 토지와는 전혀 다른 생소한 느낌을 받았다. 사실 내가 느낀 점은 그곳이 전통적인 면에서 우리가 생각하는 땅보다 하늘과 더 연관되어 있다는 것이었다. 또한 그곳에 필요한 것은 평범한 건축 규모의 건물이 아니라, 도시적인 규모의 어떤 것이라는 생각이 강하게 들었다.

스케치를 보면 선형으로 배열된 다양한 원형들이 보일 것이다. 이 원통형 관처럼 생긴 구조들은 공항 승객이 들어가는 기능을 담당하게 되어 있다. 승객들은 오른쪽에 도착해 중심 지역을 통과한 뒤 왼쪽에 있는 비행기에 탑승한다. 따라서 오른쪽은 지면에 연결되어 있고, 왼쪽은 하늘에 연결되어 있다. 나의 이 제안은 대안으로 제출되었으나 실현되지 않았다.

조선호텔

조선호텔의 내력은 상당히 흥미로웠다. 일제 강점기인 1910년부터 1945년까지, 일본인들은 당시 영국이나 프랑스 같은 열강이 중국에서 했던 것처럼 서울의 심장부에 일본인 지구를 만들었다. 이 시기에 그곳에 있던 가장 유명한 두 호텔이 조선호텔과 반도호텔이었다.

1969년, 한국 정부는 일제의 흔적을 지우려는 시도의 일환으로 오래된 조선호텔을 없애고 그 자리에 새로운 호텔을 세우기를 원했다. 그러나 일본인 지구와 조선호텔이 아무리 식민지 시대의 산물이라고 해도, 그곳 또한 우리의 역사 유물이므로 단순히 헐어 버리기만 해서는 안 된다는 생각이 들었다. 건축물만을 없애 과거를 부정하려는 것이 자연스럽지 못하다고 느껴졌다. 단순히 파괴하기만 하는 것은 결맞지 않으며, 차라리 그것을 수용해 과거를 승화하는 작업이 필요하다고 생각했다. 나는 이런 논거에서 오래된 이 호텔을 부분적으로 보존하는 것이 가치 있는 일이라고 판단했다. 그래서 내 생각을 쉽게 표현하기 위해 오래된 조선호텔을 유지한 상태에서 위로 새로운 수직 건조물을 세우자고 제안했다. 여기서 수직 거리를 만드는 개념인 '하늘마을'Sky Village에 대한 아이디어가 나왔다. 당시로서는 다소 급진적이었던 이 제안 역시 하나의 대안으로 제출되었다.

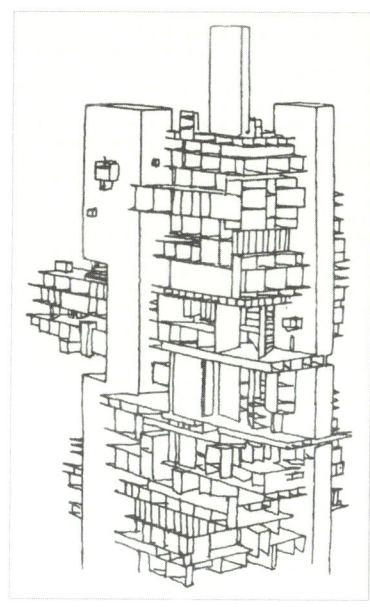

 이처럼 조선호텔과 김포공항을 설계하던 시기는 김수근건축연구소의 일을 하기보다는 나만의 방향을 찾기 위해 애쓰던 시간이었다.

 이 시기를 보낸 뒤 독립한 다음, 나는 5년여 동안 몇 가지 아파트 단지 설계를 포함한 다양한 개인 주택 프로젝트를 진행했다. 흥미롭게도 그때 실제로 박정희 대통령 생가를 복원해 달라는 요청을 받았다. 또한 쿠웨이트의 자하라에서 상당히 큰 주거 도시 프로젝트의 수석 건축가로 일했을 뿐만 아니라, 서울대학교 새 캠퍼스의 마스터플랜에도 실질적인 최고 책임자로 참여했다.

여의도 마스터플랜

그 후 3년 동안 대형 도시 프로젝트에 참여했는데, 그 가운데 가장 중요한 일이 여의도 마스터플랜 설계였다. 여의도는 서울의 한가운데를 흐르는 한강에 있는 큰 섬이다. 오늘날 이곳에는 국회의사당이 들어섰을 뿐만 아니라, 한국증권거래소와 국민은행 등 대형 금융기관 본사가 있는 금융 구역이 되었다. 당시 여의도는 비가 오면 강이 되는 습지로, 군 공항이 거기에 있었다. 정부에서는 이곳을 서울의 새로운 상징인 핵심지로 개발하기로 결정했으며, 우여곡절 끝에 내가 이 프로젝트를 마지막으로 완성하는 작업의 책임자로 일했다.

내 아이디어는 보행자와 차량의 움직임이 완전히 분리되는 일종의 복층 도시를 만드는 것이었다. 나는 하늘을 향해 부분 공개될 반半 천

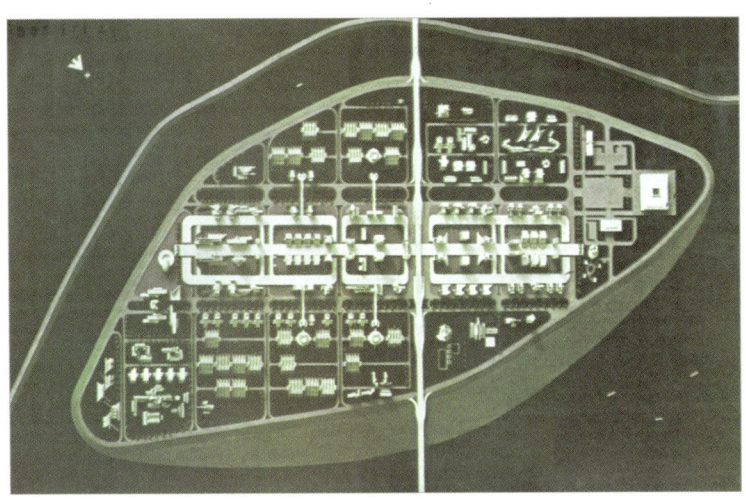

공 데크를 활용해 그렇게 할 생각이었다. 물론 그때 파리의 라데팡스에서 그와 비슷한 것이 만들어졌기에 이 개념은 더 이상 새로워 보이지 않았다. 하지만 불행하게도 경제적인 이유 때문에 이 계획은 완전히 현실화될 수 없었고, 그래서 오늘날 이 지구는 다른 지구들처럼 매일 수많은 차량으로 막히고 있다.

예술의전당

1980년대 초에 전국적인 규모의 새로운 예술 단지 설계에 대한 국제 공모전이 열렸다. 이것은 내가 공공건물을 설계할 수 있는 첫 번째 기회였다.

이때 나는 어떻게 해야 할 것인가에 대해 고민했다. 전 세계를 여행하면서 수많은 연주회장과 오페라하우스, 박물관, 도서관을 방문했지만 어떻게 해야 할지 확신이 서지 않았다. 그래서 한국으로 돌아와 경주 왕릉과 불국사, 해인사, 고궁들을 다시 둘러보았다.

그때 나는 설계 요청을 받은 건축물에 담을 내용이 우리나라의 환경에 속하지 않는다는 사실을 깨달았다. 따라서 내가 생각해야 할 문제는 이런 서양 문명의 내용을 받아들여 한국의 현대 생활에 어떻게 넣을가 하는 것이었다. 동양이나 서양을 넘어서는 진정한 이원성이 필요하다고 생각했다. 형이하학인 서양의 지식과 기술은 받아들여야 하지만, 과거 한국의 정체성인 형이상학적 정신은 지켜야만 했다. 그러므로 내부의 콘텐츠는 서양 것이지만 상형문자는 우리나라 문화 전

통의 정신에 뿌리를 두어야 했다.

그런 까닭에 예술의전당의 본질은 일련의 이원성이다. 속은 서양적이되 겉은 한국적인 것, 현대 기술에 전통적인 미학과 유기적인 구성을 지닌 도시 규모의 설계를 해야 한다고 생각했다.

현상 설계 때 내가 제안한 것은 옛 수도의 모습과 남쪽에 있는 예술의전당이 하나 됨을 보여주는 그림이다. 나는 서울의 전체적인 환경을 함께 고려하려고 했다. 그다음으로는 지하철 노선과 연결되는 문화 단지다. 이러한 배치는 상징적으로 고대와 현대를 연결시키고, 서울의 오래된 강북과 신흥 강남을 통합하고 연장시킨다.

다음으로는 예술 단지가 그 뒤쪽의 산에 바싹 기대어 앞면에 있는 순환도로 사이에서 도로의 소음을 차단하는 인공 토지를 만드는 일이었다. 중요한 점은 예술 단지가 남쪽을 향해 펼쳐져 있다는 것이다. 예술 단지는 뒤쪽의 산을 감싸고 그 일부가 되어 있다. 건축물은 자유로운 형태로 무리 지어 배열되어 있어, 앞에서 살펴보았던 창덕궁 같은 기하학적인 건축 형식과 유기적인 자연조건을 조화시키는 일을 가장 중요하게 생각했다. 결과적으로 산과 얽힌 언덕의 마을처럼 건물들이 모여서 풍경과 자연환경의 구성 요소가 된 모습을 볼 수 있다.

오래된 불국사가 몇 개의 층으로 산을 오르는 것처럼 예술의전당 역시 그러하다. 연달아 있는 광장들을 통해 어떻게 언덕을 올라가는 지 알 수 있다.

오페라 극장 안을 보자. 안과 밖 사이에 원형 회랑이 있다. 이 '회랑' 개념은 한국의 전통적인 건축 양식에서 유래한다.

예술의전당은 첫 연주자였던 첼로의 거장 로스트로포비치로부터 제2차 세계대전 후 최고의 홀이라는 찬사를 들었고, 로빈 마젤·정명훈 등 최고의 지휘자들로부터 신이 내린 공간이라는 말까지 들었다.

한샘 공장

한샘 시화공장은 한반도 서해안 바다를 매립한 간척지에 자리한다. 원래 이곳은 조수 간만의 차가 심한 평지로, 건축물이 한 번도 세워진 적이 없는 곳이었다. 본질적으로 순수하고 어떤 문화적 연관도 없는 것처럼 느껴지는 장소다. 그래서 나는 현재의 상황과 과거 바다였던 기억을 연결시키고 싶었다. 또한 주위 환경과 자연스럽게 조화를 이루는 방식을 찾고 싶었다. 경주 왕릉과 해인사가 주변 환경에 어우러져 있는 것과 같은 방식으로, 이곳에서도 같은 효과를 만들어 내려고 했다. 결국 나는 '바다'라는 주제가 가장 적합할 것이라고 결정했다. 멀리서 공장을 보면, 그 형태는 마치 바다에 떠 있는 한 척의 거대한 배와 같다.

또한 나는 인도주의적인 요소를 공장의 아이디어에 반영시킬 방법

을 찾았다. 3교대로 24
시간 작업을 하는 공
장은 야간 근무를 위
해 도착한 직원들을
우호적으로 환영하는
것처럼 보이게 되어
있다. 마치 또 다른 세
계를 향해서 출범하기
위해 대기하고 있는
배처럼 말이다. 또 36
미터 스팬徑間의 말뚝
과 외팔보들로 구성된
공장은 먼 바다를 나

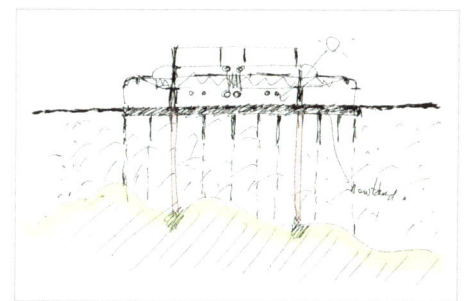

오는 커다란 앨버트로스信天翁처럼 보이기도 한다.

200미터인 자동화된 생산 라인에 직원들이 창조적으로 참여하게 해 줄 방안을 중요한 것으로 보았다. 인도주의적인 요소를 생산 라인에 도입하고 싶었다. 그래서 직원들이 필요하다고 느끼면 생산 라인을 바꿀 수 있는 자유로운 기계의 기초 위에 생산 라인을 설계했다.

에너지는 환경을 파괴하지 않고 폐자재 등을 이용함으로써 결과적으로 화석에너지를 전혀 쓰지 않는 설계를 통해 독특한 재생 이용 체계가 들어갔다. 특수 관을 타고 운반된 폐목질 섬유는 소각되어 공장의 냉난방에 필요한 에너지를 만들어 낸다.

가능한 한 인도주의적인 공장을 설계하려고 했다. 근로자에게 친화적인 환경을 만들어 내려고 건물의 중앙 부분에 실내 녹지 공간을 두어, 외부와 내부 환경 사이에 빛과 그림자와 바람의 교환이 이루어지도록 했다.

측면에 200미터 길이의 길고 넓은 채광창을 두어 빛이 충분히 들어올 수 있게 하고, 하늘로 열린 자동 창으로부터 자연이 스며들 수 있도록 했다. 한샘 시화공장이 청와대 신관을 제치고 제1회 한국문화대상을 받았다.

베니스비엔날레 한국관

베니스는 1994년 베니스비엔날레 100주년을 기념하며 축하했다. 개최 측은 25번째이자 마지막 국가 전시관을 세울 부지를 허용하기로 했다. 중국, 아르헨티나, 타이완 등 17개 국가가 도전했다. 이런 전시관들은 국가의 대표적인 문화 이미지와 정체성을 표현하게 되어 있다. 한국관 설계 임무를 받았을 때, 중국과 경쟁하려면 특단의 안이 필요하다고 생각했다. 나는 한국의 미와 정신을 반영한 건축물을 창조해야 한다는 도전에 맞섰다.

한국관 부지는 일본관과 독일관 뒤뜰 사이에 있으며, 러시아관과도 가까이 있었다. 그 부지가 안바다인 라구나Laguna를 향해 있기 때문에 전망의 조화를 깨뜨리지 않을 건축물을 지어야 했다. 그래서 한쪽으로는 자연과, 다른 한쪽으로는 인접해 있는 건물들 사이를 이원적으로 소통시키기 위해 투명한 건물을 만들었다.

한 가지 더 부담스러운 일은, 그곳에 전통적인 베니스 스타일로 지어진 작고 오래된 정사각형의 공공건물이 있었는데, 베니스의 공공기획법에 따르면 이 건물을 다른 곳으로 이전시킬 수 없다는 것이 문제였다. 따라서 이 건물 때문에 나는 어쩔 수 없이 동양과 서양의 관계를 열심히 생각해야 했다. 본질적으로 나는 이 건물을 한국관의 구조물에 결합해서 조화시킬 수밖에 없었다. 이 오래된 베니스 건물을 완전히 새로운 전시관과 결합해야만 했다.

내가 사용하기로 한 접근법은 고고학적 미래주의의 원칙을 보여준다. 나는 동양미를 지니면서도 서양식 베니스 건물과 조화를 이룰 건

축물을 창안해 내라는 주문을 받은 셈이다.

다행히 당시 베니스대학의 건축학과 교수였던 프랑코 만쿠조Franco Mancuso와 협력해서 일할 수 있었다. 우리는 거의 1년 동안 이 이분법을 어떻게 해결할 것인가에 대해 상당히 광범위하게 의논했다. 그리고 동서양을 완전히 초월하는 것만이 유일한 방법이라는 결론에 이르렀다.

내가 생각했던 구조는 머나 먼 동양의 고고학적 과거에서 날아온 우주선을 만드는 것이었다. 이런 미래적인 방법론을 이용한 우주선 같은 건물이 서울에서 건너와 이미 존재하는 베니스 건물에 접속해 착륙하는 우주선처럼 구성하는 식이면, 두 전시관이 주변 환경과의 조화를 깨뜨리지 않으면서 그 투명성 때문에 건물을 통해 호수를 볼 수도 있을 것이라고 생각했다. 지붕의 돛대와 밧줄 이미지는 호수에 정박해 있는 상선의 기억을 불러일으킨다.

제주 영화박물관

한반도 남쪽에 있는 섬 제주도 전체를 압도하는 것은 섬 한가운데 자리한 휴화산인 한라산이다. 나는 이 섬에 자리할 영화박물관을 설계해 달라는 부탁을 받았다. 다음 스케치는 내가 맨 처음 부지를 방문했을 때 그린 것이다.

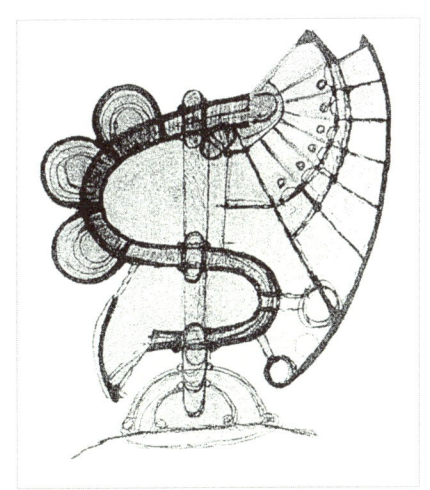

부지는 전원 환경이 완연한 해안에 있었다. 바로 인접한 곳에는 다른 건물이나 구조물이 전혀 없었다. 그곳에는 오직 자연 그 자체밖에 없었다. 푸른 하늘과 땅과 바다가 있고, 배경으로는 현장 위로 제주도 한가운데 있는 한라산

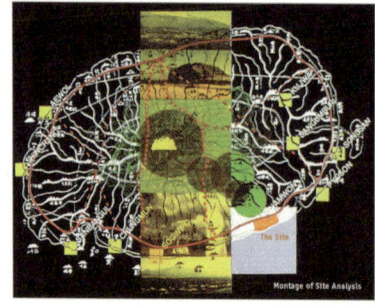 

이 어렴풋이 보였다.

　그런 까닭에 나는 완전히 새로운 구조물, 다소 원시적이면서 유기적이고 작용할 때 자연의 원시적인 힘이 표현되는 그런 구조물을 탄생시켰다. 어머니 대지의 자궁에 깊이 들어 있는 한라산의 심장부인 화산의 힘을 반영할 창의적인 잠재력이 용솟음쳤다.

　위의 사진은 실제로 나와 함께 부지를 방문했던 로버트 벤츄리 Robert Ventury가 찍은 것이다. 나는 사실 부지 옆에 지을 콘도미니엄의 설계를 그에게 제안했다. 그런데 그의 설계는 흠잡을 데가 없었지만 아직도 지어지지 않았다.

　동시에 영화박물관은 다른 편에 있는 바다와 교류한다. 그렇기 때문에 이 건물에는 두 가지 모습이 있다. 박물관은 바로 둘 사이의 합일점으로, 입구는 육지에 있고 출구는 바다 쪽으로 나 있다.

　이것은 정원에서 본 광경이다. 다시 말하지만, 자연은 박물관에 통합되어 있는 중요한 요소다.

　나에게는 이 건물이 동양도 아니고 서양도 아니며, 단순한 둘의 결합체도 아닌 통합체로 보인다. 박물관을 보고 있노라면 역사적인 미래를 향한 기념물로 서 있는 영원하고도 원시적인 실체의 미학이 보인다.

해인사 신불교단지

1980년, 해인사 관계자들은 원래 사원의 기능을 확장시킬 새로운 불교 단지를 건설해야 한다는 결정을 내렸다. 그 설계를 내가 맡았다. 원래 단지는 박물관, 회의실, 야외 사원, 연구센터로 구성될 예정이었다.

현재 박물관만이 완공되었다. 전체 프로젝트는 가야산 해인사 창건 1200주년인 2002년까지 완공되어야 한다는 것이 그들의 조건이었으나 다른 건축가들이 나서자 신자들이 반대해 전체가 아직 완성되지 못한 상태다.

사진은 위에서 내려다본 박물관의 모습이다. 여러분도 상상할 수 있겠지만, 옛 해인사 불교 단지 안에 건물을 설계할 기회가 주어졌다는 점에서 이 박물관은 나에게 많은 의미가 있다. 따라서 현대 한국 건축이 일반적으로 표현하지 못했다고 여겨지는 한국 건축의 형이상학적인 정신을 다시 포착하려는 시도가 나에게 달려 있다고 생각했다.

내가 이 프로젝트를 통해 현실화하려고 했던 주요 사항들 가운데 하나는 건물과 자연의 조화로운 통합이다. 단순히 바라보는 광경의 미학을 의미하는 것이 아니라, 자연이 자연스럽게 제공하는 것을 이용하고 그것을 대상으로 작업하면서 지속 가능하고 효과적인 건축을 설계하는 것을 말한다.

이 설계에 대한 영감은 해인사 자체에서 받았다. 영감의 근원은 17세기에 건설된 장경판전이었다. 장경판전 내부는 온도와 습기를 놀라울 정도로 잘 조절하며 통풍도 잘 된다. 이런 효과는 순전히 유기 자재를 사용하고 자연환경에 민감하게 반응함으로써 이루어졌다. 이에 따라 나는 박물관 건물의 설계도를 만들 때 이런 건축 원리에 세심하게 주의를 기울였다. 바로 태양과 물, 바람의 요소를 설계 자체에 반영하고, 지속 가능하며 주변 환경과 친밀하게 관계하는 건축물을 창안해 내려고 했다.

해인사 신불교단지 이후의 도시 설계: 아덴과 바쿠 신도시

해인사 신불교단지는 성보박물관, 대법당, 수행관 등 세 건물로 이루어진 건축 집합체로 설정하고 설계 작업을 시작했다. 그런데 주지가 바뀌자 몇몇 건축가가 나서 새 주지와 함께 자기들끼리 합의한 현상 설계로 앗아 갔으나, 결국은 실행하지 못해 원래 설계 가운데 성보박물관만 완성한 미완의 불교 단지로 남았다.

그 뒤로는 어떤 건축도 하고 싶지 않아 도시설계에만 몰두했다. 1975년 국제 현상에 당선된 쿠웨이트의 자하라 신도시를 본 쿠웨이트 도시건설팀의 아드난 박사가 초청해서 예멘의 '아덴' 신도시를 설계했고, 아덴 신도시를 본 한국 토지공사팀과 함께 자라투스트라의 도시이던 아제르바이잔 바쿠의 신행정수도를 설계했다.

유가油價가 47달러일 때 계약한 도시설계안 둘 모두 유가가 150달러까지 치솟으면서 일시 중단되었고, 최근에야 다시 재개했으나 관계 장관에게 보고까지 끝난 아덴 신도시는 예멘의 반독재 운동으로 표류 중이다. 대통령에게까지 보고된 바쿠 신도시 또한 그들의 전쟁에 밀려 표류하고 있다. 그러나 아직 무산된 것은 아니어서 때를 기다리고 있다.

서울사이버대학과 성신여대 운정캠퍼스, 버클리 음악대학원과 대학 도시

2년 동안 집중했던 아덴 신도시와 바쿠 신도시 작업이 무산된 뒤 광화문 사무실에서 다시 가회동 사무실로 돌아왔을 때, 예술의전당 이사장이며 적십자사 총재였던 이세웅 이사장이 서울사이버대학의 설계를 의뢰했다. 평소 존경하던 분으로부터 모처럼 설계를 의뢰받은 터라 나의 건축 실험보다 사이버대학다운 실사구시적인 작품을 만들

1 2　1. 성신여대 운정캠퍼스 2. 만인성채 배치도
3 4　3. 사이버대학교와 버클리 음대 표시도 4. 버클리 음악대학원

고자 했고, 연이어 성신여대 운정캠퍼스를 설계하게 되었다. 설립자의 외손녀인 성신여대 심화진 총장은 도미니크 페로가 설계한 이화여대 신본관보다 실용적이고 아름다운 건축군을 부탁했다.

　사이버대학과 운정캠퍼스가 인접한 땅이라 두 건물의 조화를 이루는 일도 중요했지만, 여자 대학 특유의 공동체와 아름다움을 그리고 싶었다. 불규칙한 토지에 특유의 기하학을 실현하기 위해 1년 넘게 수많은 안을 만들어 이세웅 이사장, 심화진 총장과 협의를 거친 끝에 세 사람의 합작 같은 현재의 건물이 완성되었다. 교수와 학생은 물론 개관식에 참석한 오세훈 전 서울시장 등으로부터 건축물 준공식으로 알고 왔는데 예술 작품 준공식에 온 것 같다는 찬사를 들었다.

이후 같은 부지에 대중음악의 메카인 버클리 음악대학원과 만인성채를 설계하게 되어, 관악산 서울대학교 때부터 꿈꾸던 대학 건축 도시를 만들 수 있다는 생각에 매일 밤 늦게까지 작업하고 있다. 아마도 2013년이면 세계적인 대학 도시가 만들어질 것을 기대한다. 두어 번 프리츠커 건축상에 초청되었으나 결정적인 작품이 없어 고사했는데, 미아동 대학 도시로 작은 소원을 성취할 수 있지 않을까 기대하고 있다. 성신여대와 서울사이버대학 사이의 21세기 신한옥은 조선조 600년 동안은 물론 100년 전 개화기에도 이루지 못한 한옥의 현대화를 이룬 작품이 될 것으로 기대한다.

최근 경기도와 전라남도의 김문수 지사, 박준영 지사로부터 경기도와 전라남도의 마스터플랜을 부탁받았으나, 이제는 그런 일보다 롱샹 교회와 낙수장 같은 건축 작품을 만들고 싶다.

건축과 도시의 길에 들어선 40년 동안 정작 꿈꾸던 건축 작업보다 더 많은 시간을 도시 연구와 도시설계에 바쳤고, 해외에서 지낸 9년 동안의 교수 일도 대부분 도시설계였다.

이제는 건축의 길로 돌아와 한국의 현대 건축과 인문학을 공부하는 데 남은 시간을 바치고 싶고, 시간이 더 있으면 건축·도시·인문의 융합을 이룬 한국 현대 건축과 도시의 상징으로 남을 대작을 남기고 싶다.

※ 이 원고는 컬럼비아대학에서 강연한 영문 내용을 한글로 정리한 것이다.

찾아보기

ㄱ

가쓰라리큐 97, 98
갈레리아 132
『갈리아 전기』 13, 46, 68
개선문 152
개성공단 213, 216, 224
건릉제 20, 24, 27
『건축 사서』 126, 127
걸프 87
〈게르니카〉 182
경복궁 21, 94, 99, 100, 149, 259~261, 275
경항京杭 운하 26
고대 문명 13, 15, 16, 59~61, 105, 107
고려 불화 214
공간의 상형문자 23, 65
공묘 19, 21~23
공자 15, 17, 19~22, 29, 51
공항 신도시 215
공화정 44, 47
광화문 광장 100, 149, 150
구겐하임 빌바오 미술관 178, 204
〈구성 8〉 179, 180
구스타브 에펠 143

구스타프 말러 167, 168
구텐베르크 성서 112, 113
그라운드 제로 192
그랑 팔레 135, 140, 144
그랑 프로제 153
그랑드 아르슈 152, 199
그랑카날레 74
그레고리우스 7세 64
그리스 문명 18, 37~39, 41, 44
글라스타워 184
금강 223, 224, 227, 229, 237, 239~243, 249
금속활자 112, 114, 218
꿈꾸는 한강 224, 230
『꿈의 해석』 167

ㄴ

나폴레옹 73, 74, 89, 90, 137, 150, 151, 235
나폴레옹 윙 74
낙동강 6, 221, 223, 224, 226, 227, 229, 233~237, 249, 274
낙수장 185, 186, 294
네루 194
노무현 17, 212, 223

『논리 철학 논고』 167
뉴바쿠 31, 34~36

ㄷ

다니엘 리베스킨트 192, 193
다도해 223, 224, 244, 245, 248, 249
다보스 포럼 217
다산茶山 221, 222, 249
단테 116
대공황 161, 163, 173, 174, 176
『대동수경』 221, 222, 249
대성전 22, 23
대운하 25, 26, 28, 65, 74, 91, 226, 228, 234
더몰 135, 146, 147, 149
데미안 허스트 205, 206
도나토 브라만테 128
도시 회랑 29, 210, 212, 213, 228, 230, 235
도시공화국 37
두오모 광장 130, 132
〈드림〉 172, 173
디자인 산업도시 213
디자인시티 101, 215

ㄹ

라데팡스 152, 199, 280
라스칼라 극장 116, 132
라인 동맹 242
라파엘로 산치오 128
랜드마크 178
런던 박람회 143
레오나르도 다빈치 53, 66~68, 105, 114~117, 122, 123, 130, 132

레온 바티스타 알베르티 66, 120, 121
레티지아 모라티 217
렌윈강 240
로렌초 기베르티 118
로렌초 데 메디치 130
로마 문명 18, 44, 50, 105
로마네스크 23, 60, 68, 147
로버트 벤츄리 197, 289
록펠러센터 178, 179
롱샹교회 191, 192, 270, 294
루브르 궁전 152~154
루브르 박물관 114, 153, 154
루이 나폴레옹 150, 151
루이스 칸 198
루터 106, 112
루트비히 비트겐슈타인 167, 168
류우익 228
르 코르뷔지에 183, 184, 190, 192, 194, 265, 270
르네상스 19, 23, 48, 59~61, 63, 64, 66, 67, 81, 95, 105, 106, 108, 109, 111, 114, 118, 120, 121, 126, 128, 132, 140, 147, 161, 163
리니오 브루토메소 224
리알토 다리 74, 75

ㅁ

마릴린 먼로 201, 202
마이클 블룸버그 192
마티스 180
메디치가 130
메이든 타워 35
메카 16, 21, 29, 77, 69~81, 293

메트로폴리스　50, 51
모나리자　105, 114
모마MoMA　172
모세상　117, 118
몽마르트르　152
무함마드　59, 74, 77, 78, 91
미나레트　60, 84
미디 운하　65, 70, 72, 73, 232, 235, 244
미스 반 데어 로에　184
미켈란젤로 부오나로티　117
밀라노디자인시티　19, 43, 50, 52~55, 132, 217, 219, 220, 223, 253

ㅂ

바다 도시　55, 210, 223, 224, 241, 242, 244
바르셀로나 올림픽　164, 167
바스티유 오페라하우스　153
바실리 칸딘스키　179
바우하우스　175, 176
바이마르공화국　174
바쿠　5, 14, 17, 18, 29~36, 224, 291, 292
바티칸　106, 128
박정희　225, 234, 244, 279
발터 그로피우스　175
밤의 도시　188, 189
백년전쟁　64
백제　234, 239, 241
버킹엄 궁전　147
베니스대학　62, 124, 149, 223, 224, 248, 253, 287
베니스비엔날레　76, 99, 215, 286
베르길리우스　66

베를린 필하모닉홀　200, 211
벤츄리 하우스　197
보문단지　223
보스포루스 해협　83
부산 비전 플랜　223
북촌　100
불교　31, 33, 60, 62, 91, 92, 218, 221, 254, 256, 259, 291
브라질리아　193, 194, 196
브레시아　65, 68~70
브루노 돌체타　224
브루클린 브리지　155
블루모스크　83
비엔나 우체국　169, 170
비잔틴 문명　81
빌라 로툰다　124~126

ㅅ

사그라다 파밀리아 성당　164, 165, 167
사나　85, 86
샤를마뉴 대제　79
사대문안　33, 39, 60, 73, 74, 99, 101, 210
사대문안 구조 개혁　210
사르트르　221
사마천　122
사서삼경　4, 16, 19, 24, 91, 221
사우스뱅크　155
산마르코 성당　74, 75
산업혁명　27, 55, 59~61, 81, 95, 106, 107, 116, 132, 134, 135, 140, 142, 145~147, 156, 161, 163
산타마리아 노벨라 성당　120, 121

산탄드레아 대성당　67
삼성타운　179
삼황오제　19, 20
상대성원리　164
새만금　5, 192, 223, 224, 237, 239~241, 243, 253
새만금 바다 도시　210, 241, 242
샹젤리제　135, 150, 152
서울 600년 전시회　130
서울대학교 마스터플랜　222
섬진강　223, 224, 244, 245
성 베드로 광장　128, 129
성 베드로 대성당(바티칸 대성당)　128~130, 154
세종대왕　218
세종시　212, 224, 237~239, 242~244
소네트　117
소크라테스　15
소프트 산업　55, 56
수문제　90~92
스마트 그리드　204, 212
스티브 잡스　181
스푸트니크 1호　189, 190
시뇨리아 광장　130, 131
시스틴 성당　117
시안　24, 94~94
신개선문　199
신동욱　31
신행정수도　5, 31, 221~223, 237, 292
심재원　224
쑤저우　95, 153, 262

ㅇ

아덴　86, 87, 89, 291
아덴 신도시　78, 87~89, 223, 292
아돌프 로스　168
아르데코　177
아르키메데스　135
아리스토텔레스　37
〈아비뇽의 처녀들〉　171, 172, 179
아야소피아　83, 84
아우구스투스　44
아이엠 페이　153, 154
아인슈타인　135, 162
아제르바이잔　5, 14, 17, 31, 223, 292
아크로폴리스　37, 39, 40
아테네　37~39
안드레아 만테냐　67
안드레아 팔라디오　124, 125
안토니오 가우디　164
안토니오 다 폰테　74
알도 로시　124
알렉산더 대왕　39, 41
알렉산드로 볼타　106, 134, 136, 137
알렉산드리아 도서관　18, 37, 39, 41~43
애련정　77
애플사　181
앤디 워홀　201
앨런 튜링　180, 181, 189
양자역학　65, 213, 231
어반링크　237, 241, 242
어반클러스터　180
에니그마　180
에니악　180

에드워드 기번 81
에디슨 189, 214
에센 135, 154
에펠탑 135, 140, 143, 144, 199
엠파이어 스테이트 빌딩 176, 177
여러 개의 원 179, 180
여수 엑스포 245
여의도 마스터플랜 6, 65, 222, 279
열차페리 240
영산강 223, 224, 227, 229, 244, 245, 249
예멘 85, 86, 292
예술의전당 5, 6, 61, 116, 211, 223, 281, 283, 292
오르세 미술관 145, 146
오르세역 135, 140, 145
오스카 니마이어 194
오토 바그너 168
올드사나 85
요하네스 구텐베르크 109, 112
우량률 17, 20, 224
운하 도시 224, 230, 231, 233
유교 19, 60, 92, 218, 254, 259
유니테 다비타시옹 183
『유럽의 광장』 149
유학 16, 19~21, 24, 27~29, 33, 62, 91, 92, 214, 253
율리우스 카이사르 46
이건희 56, 215
이리 운하 242
이명박 212, 226, 234, 250
이사벨라 데스테 67
이사벨라 여왕 110, 217

이세신궁 97, 98
이슬람 17, 21, 29, 60, 62, 74, 77~79, 84, 89, 105
이슬람 문명 62, 77, 91
이어령 31
이체리 셰헤르 18, 29, 33
인스턴트 시티 189, 216
인천국제공항 219
인천대교 53, 212, 213
인프라 4, 210, 225~227, 235, 238
일번가로 100
임진강 221, 224, 229

ㅈ
자금성 17, 91, 94
자라투스트라 15, 18, 29, 31, 33~36, 292
자르디니 공원 77
자코포 산소비노 74
〈자화상〉 171, 201, 202
잔 로렌초 베르니니 128
장쩌민 14, 205
정약용 → 다산
제2한강교 155
제임스 와트 106, 134~136
제임스 왓슨 190
조로아스터교 16, 17, 30, 33
조르주외젠 오스만 남작 150
조셉 팩스턴 140, 142, 144
조어대 17, 27
조지 파타키 192
종묘 97, 262
주자 24, 236

줄리아노 다 상갈로 128
중세 도시 59~63, 65, 68, 73, 77, 89, 120
중세 문명 59~63, 105, 107, 108
지그문트 프로이트 167, 168
지천支川 229, 231
진시황 19, 24

ㅊ

찬디가르 194~196
창덕궁 77, 99, 100, 101, 259~262, 283
창조적 집단 232, 233
천국의 문 118
청계천 99, 101, 132, 275
최소 에너지 29, 99, 206, 220
〈최후의 만찬〉 67, 105, 114, 116
추가령구조곡 224, 231~233
취푸 16, 17, 19~21, 23, 26~29, 253
취푸 신도시 14, 17, 19, 28, 205, 253
칭화대학 5, 63, 253

ㅋ

카노사의 굴욕 64
카를 빌헬름 지멘스 138
카바 신전 80, 81
카사밀라 165, 166
컬럼비아대학 4, 150, 248, 253, 294
코드 그린 60
코시모 메디치 130
콘스탄티노플 44, 81~84
콘스탄티누스 대제 81
콜로서스 180
콩코드 광장 152

콩코스 55
쿠웨이트 신도시 국제 현상 223
크라이슬러 빌딩 176, 177
크레모나 65, 68~70
크렘린 궁전 21
크루프 공장 도시 135, 154
크리스털 팰리스 135, 140~142, 144
크리스토퍼 렌 146, 147
크리스토퍼 콜럼버스 109
키클라데스 제도 245
킴벨 미술관 198

ㅌ

타워 브리지 135, 155
타임스 스퀘어 185~187
탈냉전 161, 164, 197, 201
템스 배리어 227
토머스 제퍼슨 124
툴루즈 65, 70, 71, 73
툴루즈 로트레크 70, 71, 73
트라팔가 광장 147
트리엔날레 54, 215

ㅍ

파로스 등대 39, 41
파블로 피카소 171
파사드 120
파이프를 든 소년 172
판테온 48~50, 120
팩토리 201
페르시아 17, 29, 37, 39
페리클레스 39

포로 로마노　18, 43, 47, 48
포스트모던　197
포츠다머 플라츠　200
풍수지리　99, 275
프란체스코 페트라르카　105
프랑수아 미테랑　152
프랑스 혁명　63, 151
프랑크 게리　178, 204
프랜시스 베이컨　180, 196
프랜시스 크릭　190
프랭크 로이드 라이트　184
프리메이슨　63
프톨레마이오스　18, 41, 110, 111
플라톤　37
피렌체 두오모(산타마리아 델 피오레 대성당)　106, 118, 133
피사 대성당　122, 123
피사의 사탑　122, 123
피아차 델 캄포　132, 134
피에라 밀라노　51, 130, 215, 217
피에르 폴 리케　235
피타고라스　135
필로티　183
필리포 브루넬레스키　118, 119

ㅎ

하구언　224, 225, 227, 228, 241, 244, 245
하노버 메세　51
하드웨어　78, 222, 224, 225, 228, 246
하인리히 4세　64
한강　66, 155, 222, 224, 226~231, 234, 236, 239, 248, 249, 280

한강 마스터플랜　223, 224, 229, 230, 233, 248
〈한국에서의 학살〉　182
한국토지공사　17, 235
한반도　5, 6, 24, 31, 209~212, 218, 222~228, 237, 239~242, 245, 247~250, 284, 288
한샘 시화공장　156, 157, 284, 285
한양　99, 100, 218, 260
항공 산업　243, 244
해안 링크　248
해양 산업　243
해체주의　164, 197
헤로도토스　122
헨리 베서머　134, 139
호르무즈 해협　87
『희망의 한반도 프로젝트』　4~6, 210, 212, 237, 240

1
21세기 도시선언　36

A
DNA 이중나선　190
For the Love of God　205
IED(Istituto Europeo di Design)　215
The Court of Mantua　67, 68
WTC(World Trade Center)　192, 193
YU(Yellow sea union)　50, 52